JN017141

量子力学10講

10 Lectures
on Quantum Mechanics

Shogo Tanimura
谷村省吾 ｜ 著

名古屋大学出版会

まえがき

　本書は量子力学の教科書として書かれたものである．私は学部で 1 クォーター，8 週の量子力学を教えている．この授業のために私は講義ノートを書き貯めていたが，それを小分けして学生諸君に配布しても量子力学の内容が体系的に伝わらないことを私はもどかしく思っていた．そこで，講義ノートをまとめて，**最初から最後まで読めば量子力学の一番肝心の筋道はきっとわかるだろうと言える一冊の本**にしたいと思った．懇意にさせていただいている名古屋大学出版会の神舘健司さんに，こういう本を出したいのですがと話を持ち掛けて，出版の道筋をつけていただいた．

　内容を量子力学の根幹部分に絞っても，さすがに 8 回の講義で終わらせることは難しく，10 回の講義のつもりで本書を書いた．内容は，有限次元のヒルベルト空間上の演算子を物理量とする量子力学をメインにした．無限次元ヒルベルト空間こそ量子力学の本格的な舞台であり，それに比べると，有限次元の量子力学というのはだいぶスケールの小さい話になるのだが，量子力学の骨組みを理解したい初学者には，無限次元空間の手ごわいところ（非有界演算子の出現や，自己共役演算子とエルミート演算子の相違など）を見せつけるよりは，手を動かして計算できる有限次元の例を見せた方がよいと考えた．それでも無限次元空間上の正準交換関係は扱った．また，古典力学（解析力学）のシステムを量子化したり，古典力学の欠陥が見つかって量子力学が作られていった歴史をたどったりするアプローチはとらず，ストレートに量子力学の話をすることにした．なお，補足的な細かい話は小さいフォントで記すことにした．

　竹内外史氏 (1926-2017) は有名な数学者であるが，物理学も好きだったそうで，しかも余技的に物理学を勉強しただけでなく，物理学色の濃い数学書を何冊か書いている．そんな竹内氏は著書『線形代数と量子力学』のまえがきにこ

う書いている：

> 本書は大学理系教養課程の線形代数の副読本であることを目的として書いてある．したがって行列と行列式についての初等的な知識だけを仮定している．
>
> 目的としたところは，ユニタリー作用素と自己共役作用素であるが，それを射影作用素を中心にして説明する方法をとっている．
>
> この線形代数の演習問題をしたあとで，量子力学の入門を試みた．線形代数の一番よい応用は量子力学で，量子力学を勉強してみて初めて線形代数の概念の発生理由がわかることが多いので，この様に量子力学に飛びこむことは線形代数の理解のためにも望ましいことと思う．またその上に，線形代数から量子力学へ入るのは量子力学の基本を理解するためには最も正統ないき方と思うので，ためらわず実行してみた．このため量子力学については最初から納得のいくまで説明したつもりである．

私自身の経験からも，線形代数・量子力学の順に勉強して相乗効果で両方の理解が進んだと言える．もちろん線形代数は量子力学のためにあるわけではない．学問にはそれぞれ固有の価値があるし，応用の仕方や理解の仕方も一通りではない．ただ，**線形代数を学んで量子力学を学ばないのはもったいない**と思う．

量子力学は，ミクロの世界の基本的物理理論である．20 世紀は原子や電子や原子核の実在性が疑いなく確証された時代であり，量子力学によってこれらミクロのものたちの挙動を理解し操ることが可能になり，サイエンスとテクノロジーが爆発的に発展した時代であった．例を挙げれば，トランジスタ，LSI，レーザー，（GPS 人工衛星に搭載されている）原子時計は 20 世紀最大の発明と言ってよいと思うが，いずれも量子力学にもとづいてデザインされたものである．21 世紀に入ってもミクロの世界をコントロールすることによって新しい力を手に入れるという形で人類の進歩は続くだろう．

量子力学に限らず，学問に関して「それが何の役に立つのですか？」と尋ねたくなるのは人の常である．研究者の側が「こんなふうに役立ちます」と説明しなければならない場面も多い．逆に，役立つことを学問的研究に期待するの

は卑しいことであるかのように言う人もいる．そういう観点から言うと，私自身はけっこう卑しいほうかもしれない．私は本を買ったら元を取り返そうとして一生懸命読むし，一生懸命読んでもわからない本に出会うと，著者が悪い気がして，腹が立ってしまう．また，発展性がある学問を学んでおいて発展させないのは，もったいないと思ってしまう．私は究極的には学問は何がしかの形で人類の役に立つべきだと思っている．一方で，学問に役立つことを期待したが期待外れだったと判断して学問から離れてしまう人も，学問に役立つことを期待する人を侮る人も，「役立つ」という言葉の意味の捉え方が狭すぎるし気が短すぎると思う．**学問の「役立ち方」は多様であり，「役立ち方」が見つかるまで時間がかかるのがふつうなので，焦らない方がよい．**

　量子力学は，驚きに満ちた学問であり，これを知ればこの世界の精妙なしくみを理解できるという素晴らしい物理理論である．それだけでも人類の宝と言えるし，その応用の広さと文明に対する影響力は圧倒的であり，これを「役立たず」と言う人はいない．私は自信をもって，君も量子力学を学ぶといいよ，世のために役に立つよ，と言える．

　物理学や数学の勉強方法について学生諸君にアドバイスしておきたい．**本は買って読んだ方がよい．**いまどきは Web で大概のことは調べられる．私も新しい学問分野について英語の YouTube のレクチャーを視聴して取り掛かりの知識を得たりしている．しかし，ある程度成熟した学問分野について断片的ではなく体系立った知識を得ようと思ったら，いまのところ本を読むのに勝る方法はない．図書館に行って，その分野の本を何冊か軽く目を通してみて，これなら読めそうだ，自分に合っている，と思える本に目星をつけたら，その本を買って読むのがよい．やはり自分のお金を出して買うとなると真剣に本を選ぶし，買ったからには読まないと損だと思える．読み進めるスピードは遅くてもよいから，納得のいくまでじっくり考えながら，必要なら手を動かして計算しながら読むのがよい．読んだ箇所に印を付けて自分の歩みを記しておくとよい．一回読んでもわからない箇所には「？」などと書き記しておいて，1ヶ月後くらいに読み直すとよい．脳も体の一部であり，新しいことを学んで理解するためには脳の神経回路を育てる必要があり，そのためにはトレーニングと栄養と時間

が必要だ．勉強は脳の筋トレだと思ってほしい．そうやって3ヶ月くらい勉強してもちっともその本が理解できないようであれば，その本が悪いのだと結論づけて，別の本にあたってみればよい．たいていの場合，一つの学問分野について何種類も本がある．一つの分野に限っても内容は膨大であり，一冊の本に盛り込める量はどうしても限界があるため，著者ごとに取捨選択する話題が異なるし，読者に想定する予備知識の量・レベルが異なるし，説明の仕方も異なるので，同じ分野でありながら一人の読者に合う・合わないの違いのある本が多数ある．一つの分野を理解しようと思ったら3冊くらいは本を読んだ方がよいと思う．勉強というのはそれくらい手間のかかることなのだ．

なお，私は今後も量子力学の本を数冊書く予定がある．それぞれアプローチもレベルも異なったものを計画している．

この本の内容は新規の研究成果とは言えないが，名古屋大学教授の齋藤晃氏を研究代表者とする科学研究費補助金『量子もつれ状態にある2電子の生成および量子干渉現象に関する実験的検証』（基盤研究 (A)，課題番号 17H01072）の助成を受けて量子力学基礎論の研究を進めながら準備したものである．助成をいただけたことを感謝している．著者の研究室の学生である上橋希央君，中村基秀君，野神亮介君，中村毅海君，および，京都大学名誉教授である北野正雄氏には，本書の原稿を閲読していただき，原稿を改善する上で有用なコメントをいただいた．皆さんに感謝している．本書に誤りがあるとすれば，もちろんすべて著者の責任である．また，気が逸れがちな私を叱咤激励して本書の企画を現実のものにしてくださった名古屋大学出版会の神舘健司さんにお礼を申し上げたい．そして，いつも私を励まし見守ってくれている家族，とくに浩三と文子，倖と花野に最大の感謝を届けたい．

2021 年 9 月

ほぼ無観客のオリンピック・パラリンピックをテレビ観戦した後，天候不順な名古屋にて

谷村　省吾

目　　次

第1講

量子力学の考え方

　量子力学は原子や電子などミクロの世界のものたちの性質や運動を数学的に書き表し，ミクロの世界の現象を予測するための理論である．本講では量子力学で扱われるミクロ世界と古典力学で扱われるマクロ世界の違いを観察し，量子力学の中核に位置する確率振幅の概念を導入する．また，量子力学に欠かせない数学的言語である複素数の定義と性質を確認する．

1-1　ミクロの世界の構成要素

　マクロ（macro）という語は「大きな」，「巨視的な」と訳される．ミクロ（micro）は「小さな」，「微視的な」と訳される．物理学では，人間の目に見え手に触れるくらいのサイズのものをマクロといい，光学顕微鏡を使っても見えないくらいの小さなものをミクロという．月や惑星は手で触れられるようなところにはないが，サイズ的には十分マクロである．分子や原子や電子などはミクロに属する．ただ，「これより小さいものをミクロと呼ぶ」というようなマクロとミクロの明確な境界や基準はない．

　原子などがどれくらい小さいか感覚を得るために基本的な知識を紹介しよう．見て来たように言うと，一つの原子の中心にはプラスの電荷を持つ原子核が一つあり，その周りにいくつか電子がある．原子の大きさは明瞭に定められるものではなく，「原子核を包む電子の雲のような領域」が原子の大きさの目安であり，この意味で水素原子の直径がおおよそ **0.1nm（ナノメートル）＝ 100 億分の 1 メートル**くらいである．他の原子や分子はこれよりは大きい．原子核はプ

ラスの電荷を持つ陽子と電荷を持たない中性子がいくつか結合してできている. **電子** (electron) は

$$m_{\mathrm{e}} = 9.10938\cdots \times 10^{-31}\,\mathrm{kg} \tag{1.1}$$

の質量と,

$$-e = -1.602176634 \times 10^{-19}\,\mathrm{C} \tag{1.2}$$

の電荷を持つ. 電子はこれ以上細かく分けることができない粒子だと考えられている. **陽子** (proton) は

$$m_{\mathrm{p}} = 1.67262\cdots \times 10^{-27}\,\mathrm{kg} \tag{1.3}$$

の質量と, プラスの電荷 e を持つ. 陽子と電子の質量の比は

$$\frac{m_{\mathrm{p}}}{m_{\mathrm{e}}} = \frac{1.67262\cdots \times 10^{-27}\,\mathrm{kg}}{9.10938\cdots \times 10^{-31}\,\mathrm{kg}} = 0.1836\cdots \times 10^4 = 1836 \tag{1.4}$$

である.「陽子の質量は電子の約 2 千倍」と覚えておくとよい. **中性子** (neutron) は電荷を持たず, その質量は陽子の質量の 1.0014 倍である. 電子・陽子・中性子などをひっくるめて**素粒子** (elementary particle) という. 地球上の物質は, 等しい個数の電子と陽子を含み, ほぼ同数の中性子を含む. 従って, どの物質もおおよそ 4 千分の 1 は電子の重さである. あなたの体重が 60 kg なら, そのうち 15 g くらいが電子の重さである.

原子や分子の個数を数える単位として**アボガドロ定数** (Avogadro constant)

$$N_{\mathrm{A}} = 6.02214076 \times 10^{23}\,\mathrm{mol}^{-1} \tag{1.5}$$

がある. 1 億 $= 10^8$ なので, アボガドロ定数は約 6 千万の 1 億倍の 1 億倍である. ジュースなどをまとめ買いするときに 12 本を 1 ダースと数えるように, アボガドロ定数個の粒子を 1 モル (mol) と数える. 1 モルの陽子の質量は

$$\begin{aligned} m_{\mathrm{p}} N_{\mathrm{A}} &= 1.67262\cdots \times 10^{-27}\,\mathrm{kg} \times 6.02214076 \times 10^{23}\,\mathrm{mol}^{-1} \\ &= 1.00727 \times 10^{-3}\,\mathrm{kg} \cdot \mathrm{mol}^{-1} \end{aligned} \tag{1.6}$$

に等しい．つまり，**1 モルの陽子はほぼ 1 グラムである**．もともとそうなるように アボガドロ定数は定義された．地球一周の長さが 4 万キロメートルになるようにメートルという単位が定められたのと同様である．後に測定技術が向上すると，1 モルの陽子は 1 グラムちょうどではないことがわかってしまった．

　1 グラムの物質は陽子と中性子を合わせて約 1 モル含み，陽子の個数に等しい個数の電子を含む．あなたの体重が 60 kg なら，あなたの体は陽子・中性子・電子をそれぞれ $60 \times 10^3 \times 6 \times 10^{23} \times \frac{1}{2} = 1.8 \times 10^{28} = 1$ 万 8 千個の 1 億倍の 1 億倍の 1 億倍含んでいる．とてつもない個数である．原子や電子が非常に小さいのだとも言えるし，**我々の体は原子のスケールから見ると異常に大きいの**だとも言える．

1-2　ボールと水面波と電子

　ミクロとマクロの違いを際立たせるために，ボール・水面波・電子の 3 者の振る舞いを比較する思考実験を考えよう．ボールは古典力学的粒子，水面波は古典力学的波動，電子は量子力学的対象の代表例である．

　1. ボールの場合． 壁に 2 つ孔が開いていて，その壁に向かってボールを発射する．1 分間に 30 発など一定のペースでボールは発射されるとする．ボールを発射する装置は出来が悪く，ボールが飛んで行く方向は毎回でたらめにぶれるとする．ボールは壁に当たればそこで止まってしまうが，偶然孔を通り抜けることもあり，孔を通ったボールは壁の後ろのスクリーンに到達する．しかもボールは孔を通り抜ける際に孔のへりに当たって進行方向が変わることがあるとする．スクリーンのところにはボールを受け止める装置があり，この装置はキャッチしたボールを数える．スクリーンに沿ってキャッチ装置の位置を変えて，位置 x において 1 分あたりにボールをキャッチする回数 (count) を $C(x)$ とする．2 つの孔に 1, 2 という番号をつけておいて，1 番の孔だけを開けて 2 番の孔をふさいだ場合のボールのカウントを $C_1(x)$，2 番の孔だけを開けた場合のカウントを $C_2(x)$，両方の孔を開けた場合のカウントを $C_{12}(x)$ とする（図 1.1）．

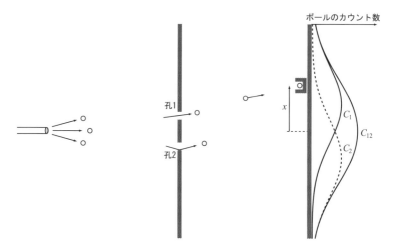

図 1.1　一定の時間間隔をおいて発射されたボールが壁の孔を通ってスクリーンに当たる．ボールを受け止める装置はスクリーンに沿って可動であり，その位置を x として，孔 1 だけを開けたとき装置が単位時間あたりにボールを受け止める回数を $C_1(x)$，孔 2 だけを開けたときの回数を $C_2(x)$，孔 1, 2 両方開けたときの回数を $C_{12}(x)$ とすると，$C_1(x) + C_2(x) = C_{12}(x)$ が成り立つ．

ボールは 1 つ 2 つと数えられる物体であり，分割不可能であり，1 つのボールが同時に 2 か所にあることはない．2 つの孔が開いていてボールがスクリーンに到達したのであれば，ボールは 1 番か 2 番かどちらか一方の孔を通ったはずなので，両方の孔を開けたときに位置 x に到達するボールの数は，孔 1 を通ったボールの数と孔 2 を通ったボールの数の和に等しく，

$$C_1(x) + C_2(x) = C_{12}(x) \tag{1.7}$$

となるはずである．

2. 水面波の場合．大きなプールがあり，丸い機械が水面に浮いていて，機械はモーター駆動で周期的に上下に揺れて水面に波を起こすとする．この機械を中心に水面に円形の波が広がっていく．プールには防波堤があり，防波堤に当たった波はそこで止まるが，防波堤には 2 つの孔が開いていて，一部の波は孔を通り抜けて進み，岸に当たる．岸には水面の上下運動で起電力を生じる発電機がある．水面の上下動が激しいほど電力（単位時間あたりの仕事量）は大きい．

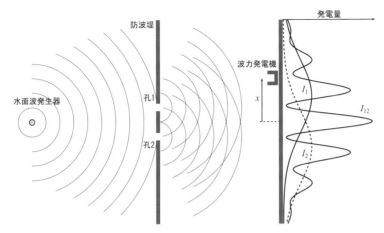

図 1.2　機械がプールの水面を上下に揺らして同心円状の波を作る．水面波は防波堤の孔を通り抜けて伝わり，岸にある波力発電機を動かす．発電機の位置を x として，孔 1 だけを開けたときの電力を $I_1(x)$，孔 2 だけを開けたときの電力を $I_2(x)$，孔 1, 2 両方開けたときの電力を $I_{12}(x)$ とすると，波は重なり合って強め合ったり打ち消し合ったりして，$I_1(x) + I_2(x) \neq I_{12}(x)$ となる．

岸の位置 x における電力 (intensity) を $I(x)$ とする．$I(x) \geq 0$ である．防波堤の孔に 1, 2 という番号をつけて，1 番の孔だけを開けて 2 番の孔をふさいだ場合の位置 x における電力を $I_1(x)$, 2 番の孔だけを開けた場合の電力を $I_2(x)$, 両方の孔を開けた場合の電力を $I_{12}(x)$ とする（図 1.2）．波は空間的に広がるし，波と波が重なり合うこともできる．波の山同士あるいは谷同士が重なれば波は強め合うし，波の山と谷が重なる箇所では波は打ち消し合う．このように波と波が重なり合って強め合ったり打ち消し合ったりすることを**干渉** (interference) という．その結果，両方の孔を開けたときの位置 x における発電機の電力 $I_{12}(x)$ は，孔 1 だけを開けたときの電力 $I_1(x)$ と孔 2 だけを開けたときの電力 $I_2(x)$ との単純な和には等しくない：

$$I_1(x) + I_2(x) \neq I_{12}(x). \tag{1.8}$$

干渉して波が強め合う箇所では $I_1(x) + I_2(x) < I_{12}(x)$ であるし，波が打ち消し合う箇所では $I_1(x) + I_2(x) > I_{12}(x)$ である．とくに波が完全に打ち消し合う箇所では，$I_1(x) > 0$ かつ $I_2(x) > 0$ であるにもかかわらず $I_{12}(x) = 0$ になる．

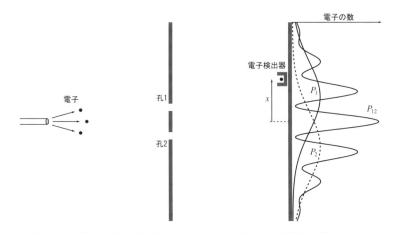

図 1.3　発射された電子が, 壁の孔を通ってスクリーンの前にある検出器に受け止められる. 検出器の位置を x として, 孔 1 だけを開けたとき単位時間あたりに検出される電子の個数を $P_1(x)$, 孔 2 だけを開けたときの電子数を $P_2(x)$, 孔 1, 2 両方開けたときの電子数を $P_{12}(x)$ とすると, 単純な足し算は成り立たず, $P_1(x) + P_2(x) \neq P_{12}(x)$ となる.

3. 電子の場合.　真空中に電子を発射する装置は電子銃と呼ばれている. 1 秒間に 1 万個など一定のペースで電子は発射されるとする. 電子が向かって行く先には壁があり, 壁に 2 つ孔が開いている. 電子が飛んで行く方向は毎回でたらめにぶれるとする. 電子は, 壁に当たればそこで止められるが, 孔を通り抜ければ壁の後ろのスクリーンに到達する. スクリーンの手前には電子の検出器があり, 検出器に飛び込んだ電子を数えるようになっている. スクリーンに沿って検出器の位置を変えて, 位置 x において 1 秒間に受け止める電子の個数を $P(x)$ とする. 2 つの孔に 1, 2 という番号をつけておいて, 1 番の孔だけを開けて 2 番の孔をふさいだ場合の電子のカウントを $P_1(x)$, 2 番の孔だけを開けた場合のカウントを $P_2(x)$, 両方の孔を開けた場合のカウントを $P_{12}(x)$ とする (図 1.3). 電子は 1 つ 2 つと数えられる粒子であり, 分割不可能であり, 1 つの電子が同時に 2 か所にあることはない. さて, $P_1(x)$, $P_2(x)$, $P_{12}(x)$ はどのような関係になっているだろうか？ 電子がボールのような不可分の「つぶ」だとすると, (1.7) と同じ形の関係式が成り立つべきであるような気がする. しかし, 実際に電子を使って実験してみると

$$P_1(x) + P_2(x) \neq P_{12}(x) \tag{1.9}$$

となる．スクリーン上の電子の分布は，波動の干渉の式 (1.8) に似ており，スクリーン上の電子がたくさん到着する箇所を濃く塗るなら，濃淡の縞模様を呈する．極端な場合，孔 1 だけを開けていれば電子が毎秒 100 個到着し，孔 2 だけを開けていれば電子が毎秒 100 個到着していたのが，両方の孔を開けると毎秒 400 個到着する箇所もあるし，ゼロ個になってしまう箇所もある．つまり，壁の孔をすり抜けるときは電子は波動のように広がって両方の孔を通って重なって強め合ったり打ち消し合ったりして，スクリーンに電子が到着するときはポツリポツリと「つぶ」状の不可分な粒子のようにやって来る．この場合，**強め合ったり打ち消し合ったりしているのは，電子がスクリーン上に現れる「確率」**である．確率の干渉が起きているように見えるのが電子の特徴である．

電子は，探されれば粒子のようにどこか一箇所に局在して現れるが，居場所を見張られていないときは 1 つの電子でも波動のように広がって 2 つの孔を通り抜けて重なり合う．波動の強弱が電子の出現確率の大小を決めている．電子に限らず陽子や中性子や原子・分子も，粒子的性質と波動的性質をあわせ持ち，確率的に振る舞う．量子力学はこういったミクロの対象の確率を計算・予測するための理論である．このことを本講以降，詳しく解説していく．

1-3　確率振幅

量子力学の基本的なアイデアである**確率振幅** (probability amplitude) を導入する．注目している系（システム）がある状態 A からスタートして，ある状態 X に至るという出来事が起こるかどうか知りたいとする．A を**始状態** (initial state)，X を**終状態** (final state) という．例えば A は電子が発射装置から飛び出した瞬間の状態であり，X は電子がスクリーン上の特定の場所に当たった状態と考えてよい．**始状態は A であることがわかっているときに，終状態 X に至る確率を求めよ**というのが尋ねられる問題である．

　量子力学では，このような始状態と終状態の組に対して確率振幅という複素数 ϕ を対応させ，

$$\phi = \langle X|A\rangle \tag{1.10}$$

と書く．見慣れない記法だろうと思うが $\langle X|A\rangle$ で 1 つの複素数を表す．三角括弧 $\langle\cdots\rangle$ をブラケット (bracket) と呼び，左側の $\langle\cdot$ をブラ (bra)，右側の $\cdot\rangle$ をケット (ket) と呼ぶ．右の A が始状態で，左の X が終状態なので，$\langle X|A\rangle$ は右から左に読むのがよい．

　確率振幅に関する規則 1：確率振幅の絶対値を 2 乗すると確率になる． 上の例の場合，始状態 A から終状態 X に至る確率 (probability) は

$$\mathbb{P}(X \leftarrow A) = |\phi|^2 = \Big|\langle X|A\rangle\Big|^2 \tag{1.11}$$

である．確率振幅そのものは複素数であり，負の数かもしれないし，虚数かもしれないが，**確率振幅の絶対値を 2 乗した確率は必ず非負の実数値になる**．確率振幅は「確率のもと」のような数なのである．

　確率振幅に関する規則 2：重ね合わせの原理． 始状態 A から終状態 X に到達する経路が 2 通りある場合を考える．経路 1 を通って A から X に達する確率振幅を $\phi_1 = \langle X|A\rangle_1$ とする．経路 2 を通って A から X に達する確率振幅を $\phi_2 = \langle X|A\rangle_2$ とする．始状態と終状態を見る限りどちらの経路を通ったかわからない場合は，

$$\phi = \phi_1 + \phi_2 \tag{1.12}$$

のように各経路に対する確率振幅を足して合計の確率振幅を求め，その絶対値 2 乗

$$\mathbb{P}(X \leftarrow A) = \big|\phi\big|^2 = \big|\phi_1 + \phi_2\big|^2 \tag{1.13}$$

によって A から X に達する確率を求める．複素数 ϕ_1, ϕ_2 に対して

$$\big|\phi_1\big|^2 + \big|\phi_2\big|^2 \neq \big|\phi_1 + \phi_2\big|^2 \tag{1.14}$$

は一般には等式にならないので,

$$\mathbb{P}(\text{経路 1 だけを開けたときの到達確率})$$
$$+ \mathbb{P}(\text{経路 2 だけを開けたときの到達確率})$$
$$\neq \mathbb{P}(\text{両方の経路が開いているときの到達確率}) \tag{1.15}$$

となり,単純な確率の足し算は成り立たず,$|\phi_1|^2 + |\phi_2|^2 < |\phi_1 + \phi_2|^2$ となることもあれば,$|\phi_1|^2 + |\phi_2|^2 > |\phi_1 + \phi_2|^2$ となることもある.これが干渉効果である.

確率振幅に関する規則 3:見分けのつく終状態の場合. 状態 X と Y は物理的な方法で区別できて,X になっているときは Y ではないし,Y になっているときは X ではないとする(排反的であるという).この場合,始状態 A から終状態 X または終状態 Y のどちらかに到達する確率は

$$\mathbb{P}((X \text{ または } Y) \leftarrow A) = \mathbb{P}(X \leftarrow A) + \mathbb{P}(Y \leftarrow A)$$
$$= |\langle X|A \rangle|^2 + |\langle Y|A \rangle|^2 \tag{1.16}$$

のように各終状態に対する確率を足した値になる.この場合は干渉効果は起きない.

以上が量子力学における確率振幅の基本ルールである.しかしこれだけでは $\langle X|A \rangle$ などの複素数が具体的にいくらなのか決められない.次講以降で確率振幅の値を具体的に求める方法を徐々に説明していく.その話に進む前に,量子力学に欠かせない複素数の数学を解説しておく.

1-4　複素数の絶対値 2 乗

複素数は量子力学において最も頻繁に用いられる数学概念である.とくに確率振幅は複素数であり,確率振幅の絶対値 2 乗は確率になるので,その計算規則をここに簡単にまとめておこう.数学記号の書き方と複素数の定義と性質については付録で概説してあるので,必要に応じてそちらも参照してほしい.

実数 (real number) 全体の集合を $\mathbb{R}$ と書く．どんな実数 x も 2 乗すれば $x^2 \geq 0$ であり，$i^2 = -1$ となるような実数 i はないが，形式的に

$$i := \sqrt{-1} \tag{1.17}$$

という記号を定めて，i を**虚数単位** (imaginary unit) と呼ぶ．2 つの実数 x, y に対して

$$z = x + iy \tag{1.18}$$

と書かれる記号 z を**複素数** (complex number) という．**複素数全体の集合**を $\mathbb{C}$ と書く．また，複素数 $z = x + iy$ に対し

$$x = \mathrm{Re}\, z, \qquad y = \mathrm{Im}\, z \tag{1.19}$$

と書き，x を z の**実部** (real part)，y を z の**虚部** (imaginary part) という．平面の直交座標 (x, y) で表される点と複素数 $z = x + iy$ とを対応づけたものを**複素平面** (complex plane) と呼ぶ（図 1.4）．複素平面の x 軸を**実軸** (real axis)，y 軸を**虚軸** (imaginary axis) ともいう．$z = x + iy$ の虚部の符号を変えた複素数を

$$z^* = x - iy \tag{1.20}$$

と書き，z^* を z の**共役複素数** (conjugate) あるいは**複素共役**という．また，

$$|z| = |x + iy| := \sqrt{x^2 + y^2} \tag{1.21}$$

を z の**絶対値** (absolute value) という．$|z|$ は必ず非負（正または 0）の実数である．量子力学でよく使うのは絶対値そのものよりも絶対値の 2 乗

$$|z|^2 = z^* z = (x - iy)(x + iy) = x^2 + y^2 \tag{1.22}$$

である．また，

$$x = |z| \cos\theta, \qquad y = |z| \sin\theta \tag{1.23}$$

にあてはまる θ を z の**偏角** (argument) あるいは**位相** (phase) という．このとき

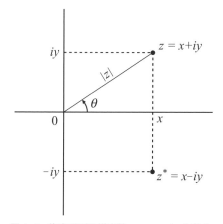

図 1.4　複素平面に複素数 $z = x + iy$ を記す.

$$z = x + iy = |z|(\cos\theta + i\sin\theta) \tag{1.24}$$

と書ける. 絶対値と 2 乗を用いた計算例として

$$|4 + 3i|^2 = 4^2 + 3^2 = 16 + 9 = 25, \tag{1.25}$$

$$|4 + 3i| = \sqrt{25} = 5, \tag{1.26}$$

$$(4 + 3i)^2 = (4 + 3i)(4 + 3i) = 4^2 + 2 \times 4 \times 3i + (3i)^2$$

$$= 16 + 24i - 9 = 7 + 24i, \tag{1.27}$$

$$|(4 + 3i)^2| = |7 + 24i| = \sqrt{7^2 + 24^2} = \sqrt{49 + 576} = \sqrt{625} = 25 \tag{1.28}$$

という等式が成り立つ. それぞれ何を計算しているのかよく見てほしい. とくに $|4 + 3i|^2 = 25$ と $(4 + 3i)^2 = 7 + 24i$ は等しくない. $|4 + 3i|^2$ と $|(4 + 3i)^2|$ は等しい. 念のために言っておくが, **絶対値の計算結果に虚数 i が現れることはあり得ない. 絶対値が負の実数になることもない.**

　関数 f というのは, 数 x に応じて数 $f(x)$ を定める対応 $x \mapsto f(x)$ である. 複素数 z に応じて複素数 $f(z)$ を定める対応 $z \mapsto f(z)$ を複素関数という. さまざまな複素関数があるが, その中でもとりわけ重要な関数が**指数関数** (exponential function) $z \mapsto e^z$ である. $e^z = \exp(z)$ とも書く. 詳しくは付録で解説するが,

12

実数 θ に対する指数関数 $e^{i\theta}$ の値は，三角関数を用いて

$$e^{i\theta} = \cos\theta + i\sin\theta \tag{1.29}$$

で定められる．これの絶対値2乗は

$$\left|e^{i\theta}\right|^2 = \cos^2\theta + \sin^2\theta = 1 \tag{1.30}$$

となって，$e^{i\theta}$ の絶対値はつねに 1 である．複素平面で見ると，$e^{i\theta}$ は 0 から距離 1 で，実軸から偏角 θ の位置にある点である．(1.29) を用いると (1.24) は

$$z = |z|\,(\cos\theta + i\sin\theta) = |z|\,e^{i\theta} \tag{1.31}$$

と書ける．また，α を定数として

$$\frac{d}{dt}\,e^{i\alpha t} = \frac{d}{dt}(\cos\alpha t + i\sin\alpha t) = -\alpha\sin\alpha t + i\alpha\cos\alpha t$$
$$= i\alpha\,(i\sin\alpha t + \cos\alpha t) = i\alpha\,e^{i\alpha t} \tag{1.32}$$

が成り立つ．

問 1-1. (i) 直径 d の球体の体積と半径 R で高さ h の円柱の体積とが等しくなるように h を決める式を書け．

(ii) 直径 1.0 mm の球形の油滴が水面の上に広がって半径 40 cm $= 4.0 \times 10^{-1}$ m の円形の油膜になったとする．油膜の厚さを求めよ．最も薄い油膜の厚みは油の分子の大きさの目安になっている．ちなみにシャボン玉の膜の限界の薄さも分子の大きさ程度である．

問 1-2. (i) 2 つの複素数

$$z = a + ib = |z|\,e^{i\alpha}, \qquad w = u + iv = |w|\,e^{i\beta} \tag{1.33}$$

について $z, w, z + w$ を複素平面上に記せ．

(ii) $|z + w|^2$ を求めて，以下のおのおのの関係式が成り立つための α, β についての条件を述べよ．ただし $|z| \neq 0, |w| \neq 0$ とする．

$$\text{(a)} \quad |z + w|^2 > |z|^2 + |w|^2 \tag{1.34}$$

$$\text{(b)} \quad |z + w|^2 = |z|^2 + |w|^2 \tag{1.35}$$

$$\text{(c)} \quad |z + w|^2 < |z|^2 + |w|^2 \tag{1.36}$$

第 2 講

状態を表すベクトル

前講で確率振幅という概念を導入したが，確率振幅の絶対値 2 乗を計算すれば確率が求められるという規則を示しただけであり，確率振幅そのものの値を決めることはできなかった．系の状態を表すベクトルからなる**ヒルベルト空間**という概念を導入すると，**状態ベクトルの内積で確率振幅を求めることができる**ようになる．本講では状態・物理量・値という力学の基本概念を整理し，ヒルベルト空間を定義し，その例を挙げ，状態ベクトルの物理的解釈を説明する．

2-1 古典力学と量子力学の共通点

古典力学と量子力学の共通点として，力学の構文形式がある．英語の文に SVO（主語＋動詞＋目的語）という型があるように，力学にも文の型がある．力学の構文型は，「**A という系 (system) が B という状態 (state) のとき，C という物理量 (observable) は D という値 (value) を持つ**」という型である．系の状態や物理量の時間変化の規則を**運動法則** (law of dynamics) とか**変換則** (transformation law) という．系・状態・物理量・値・変換則の 5 者を備えたものを**力学系** (dynamical system) という．

例えば，「質量 144 グラムのボールが，時速 120 km で飛んでいるとき，ボールの運動エネルギーは，80 ジュールの値を持つ」という文は力学の構文になっている．「質量 144 グラムのボール」は一つの**系**であり，「時速 120 km で飛んでいる」のは一つの**状態**であり，「運動エネルギー」は**物理量**の一種であり，「80 ジュール」はエネルギーの取り得る**値**の一つである．

力学が扱う系は 1 個の粒子とは限らない．**複数の粒子をひとまとまりの系**として扱うこともある．つまり，「1 個の電子」も系になり得るし，「1 個の陽子と 1 個の電子の組である水素原子」もひとまとまりの系として扱える．「3 個の水素原子と 1 個の窒素原子でできている 1 個のアンモニア分子」や「固体結晶中を動き回る電子の集団」や「アボガドロ数の原子の集まり」なども「系」である．

例えば「水素原子が基底状態（エネルギーが一番低い状態）のときエネルギーが −13.6 eV（エレクトロンボルト）になっている」という文は量子力学の例文であり，これも「**系 A が状態 B のとき物理量 C が値 D になっている**」という型にのっとっている．

2-2　古典力学と量子力学の相違点

「A という系が B という状態のとき，C という物理量は D という値を持つ」という構文は古典力学と量子力学に共通していると述べたが，では相違点は何か？　古典力学では物理量が取り得る値は実数値であるべしという以外には取り立てて制約がないが，**量子力学では物理量が取り得る値は著しく限定される**．例えば，水素原子のエネルギーは（陽子と電子が離れている状態のエネルギーを 0 eV として）−13.6 eV，−3.4 eV，−1.5 eV といった値を取り得るが，これらの間の値（−12 eV とか −11 eV とか）になることはない．**物理量の値が連続的に変化せず，飛び飛びの離散値に限定される**ことは原子や電子などのミクロの世界の特徴である．**物理量の値が途切れ途切れの粒子のようになっている**ことは「量子」という名前の由来でもある．

また，ミクロの世界では，正確に同じ状態の系を多数用意して，おのおのについて同じ**物理量 C** を測っても，**同じ測定値 D を得るとは限らない**．測定するたびに $D_1, D_2, \cdots$ と値がばらつくことがある．量子力学で予測できるのは，B という状態において物理量 C を測ったときに値 D を得る確率 $\mathbb{P}(C = D|B)$ だけである．

まとめると，物理量の値が連続的な任意の値をとらず限定された値のみをと

り，同じ状態だからといって物理量の値が同一とは限らず，物理量の出現値は
確率的にしか予測できない，というのが量子力学の特徴である．

2-3　ヒルベルト空間

　力学では，系の状態を何らかのデータセットで表す．例えば，古典力学では，
質点の状態は質点の位置と速度で指定され，位置と速度は 3 次元空間の座標を
使った実数値で表される．

　量子力学では系の状態をヒルベルト空間のベクトル $|\psi\rangle$ で表す．**ヒルベルト
空間** (Hilbert space) $\mathscr{H}$ とは，ベクトル空間であり，内積が備わっており，**完
備** (complete) であるような集合である．つまり，集合 $\mathscr{H}$ がヒルベルト空間で
あるための条件は，任意のベクトル $|\psi_1\rangle, |\psi_2\rangle \in \mathscr{H}$ の**和** (sum)

$$|\psi_1\rangle + |\psi_2\rangle \in \mathscr{H} \tag{2.1}$$

と，任意の複素数 $c \in \mathbb{C}$ による任意のベクトル $|\psi\rangle \in \mathscr{H}$ の**スカラー倍** (scalar
multiplication)

$$c|\psi\rangle = |c\psi\rangle = |\psi\rangle c \in \mathscr{H} \tag{2.2}$$

が定まり，任意のベクトル $|\psi\rangle, |\chi\rangle \in \mathscr{H}$ の**内積** (inner product)

$$\langle \chi | \psi \rangle \in \mathbb{C} \tag{2.3}$$

が定まっていて，**極限操作について閉じている**（＝ 完備である）ことである（a
が集合 X の元であることを $a \in X$ と書き，E は 3 であることを $E := 3$ と書く
などの記法については付録 A を参照してほしい）．完備性の定義は後述する．

　ヒルベルト空間には特別なベクトル 0 があり，任意のベクトル $|\psi\rangle$ に対して

$$|\psi\rangle + 0 = 0 + |\psi\rangle = |\psi\rangle \tag{2.4}$$

が成立する．このようなベクトル 0 を**ゼロベクトル** (zero vector) あるいは**ヌル**

ベクトル (null vector) という.

内積 $\langle\chi|\psi\rangle$ の左側の $\langle\chi|$ をブラ (bra) ベクトル, 右側の $|\psi\rangle$ をケット (ket) ベクトルともいう. $\langle\cdot|\cdot\rangle$ の形になるとブラケット (bracket, 英語で括弧のこと) と呼ばれる. 内積は

$$\langle\chi|\Big(|\psi_1\rangle + |\psi_2\rangle\Big) = \langle\chi|\psi_1\rangle + \langle\chi|\psi_2\rangle \tag{2.5}$$

$$\langle\chi|c\psi\rangle = c\langle\chi|\psi\rangle \tag{2.6}$$

$$\Big(\langle\chi_1| + \langle\chi_2|\Big)|\psi\rangle = \langle\chi_1|\psi\rangle + \langle\chi_2|\psi\rangle \tag{2.7}$$

$$\langle c\chi|\psi\rangle = c^*\langle\chi|\psi\rangle \tag{2.8}$$

$$\langle\psi|\chi\rangle = \langle\chi|\psi\rangle^* \tag{2.9}$$

$$\langle\psi|\psi\rangle = \langle\psi|\psi\rangle^* \text{ なので } \langle\psi|\psi\rangle \text{ は実数} \tag{2.10}$$

$$\langle\psi|\psi\rangle \geq 0 \tag{2.11}$$

$$\langle\psi|\psi\rangle = 0 \text{ (複素数のゼロ)} \Leftrightarrow |\psi\rangle = 0 \text{ (ヌルベクトル)} \tag{2.12}$$

を満たすことが要請される. ただし (2.8) の左辺は, $|\theta\rangle := c|\chi\rangle$ とおいて $\langle c\chi|\psi\rangle := \langle\theta|\psi\rangle$ を定めている. また,

$$\Big\||\psi\rangle\Big\| := \sqrt{\langle\psi|\psi\rangle} \tag{2.13}$$

をベクトル $|\psi\rangle$ の長さとか**ノルム** (norm) という. **一般に, 内積の値は複素数だが, ノルムは必ず非負の実数になる**. 私は記号 $\|\cdot\|$ を「二重縦棒サンドイッチ」と読む. ノルムそのものよりもノルム 2 乗

$$\Big\||\psi\rangle\Big\|^2 = \langle\psi|\psi\rangle \tag{2.14}$$

の形で使われることの方が多い. ベクトルの差のノルム

$$\Big\||\psi_1\rangle - |\psi_2\rangle\Big\| = \sqrt{\Big(\langle\psi_1| - \langle\psi_2|\Big)\Big(|\psi_1\rangle - |\psi_2\rangle\Big)} \tag{2.15}$$

は 2 つのベクトル $|\psi_1\rangle$, $|\psi_2\rangle$ の間の距離を表す. 性質 (2.11) をノルムの**非負性** (non-negativity) という. また, 性質 (2.12) をノルムの**正定値性** (positive definiteness) という. 正定値性より, 距離が $\||\psi_1\rangle - |\psi_2\rangle\| = 0$ になるのは, $|\psi_1\rangle - |\psi_2\rangle = 0$ つまり $|\psi_1\rangle = |\psi_2\rangle$ のときに限られる.

無限個の番号付けられたベクトルの集合 $\{|\psi_1\rangle, |\psi_2\rangle, |\psi_3\rangle, \cdots\}$ と 1 つのベクトル $|\psi\rangle$ が

$$\lim_{n \to \infty} \left\||\psi_n\rangle - |\psi\rangle\right\| = 0 \tag{2.16}$$

を満たすなら, $\{|\psi_1\rangle, |\psi_2\rangle, |\psi_3\rangle, \cdots\}$ は $|\psi\rangle$ に**収束する** (converge) といい, $|\psi\rangle$ を **収束先**あるいは**極限** (limit) という. $\{|\psi_1\rangle, |\psi_2\rangle, |\psi_3\rangle, \cdots\}$ を**収束列** (converging sequence) ともいう. 一方で, ベクトルの列 $\{|\psi_1\rangle, |\psi_2\rangle, |\psi_3\rangle, \cdots\}$ が

$$\lim_{m, n \to \infty} \left\||\psi_m\rangle - |\psi_n\rangle\right\| = 0 \tag{2.17}$$

を満たすなら, $\{|\psi_1\rangle, |\psi_2\rangle, |\psi_3\rangle, \cdots\}$ を**コーシー列** (Cauchy sequence) という. 一般に, **収束列は必ずコーシー列である.** しかし, **コーシー列は必ずしも収束 列ではない.**

空間 $\mathscr{H}$ のコーシー列が必ず収束列になっているなら, $\mathscr{H}$ は極限操作について閉じているとか**完備** (complete) だという. ちなみに実数全体の集合 $\mathbb{R}$ は完備だが, 有理数全体の集合 $\mathbb{Q}$ は完備ではない.

一般に, ヌルでないベクトル $|\psi\rangle$ を任意のゼロでない複素数 c でスカラー倍した $c|\psi\rangle$ は元のベクトル $|\psi\rangle$ と同じ向きを持つあるいは**平行** (parallel) だという. ベクトルの内積が $\langle\chi|\psi\rangle = 0$ になるとき $|\chi\rangle$ と $|\psi\rangle$ は**直交している** (orthogonal, perpendicular) といい, $|\chi\rangle \perp |\psi\rangle$ と書く.

$\||\phi\rangle\| = 1$ であるようなベクトル $|\phi\rangle$ を**単位ベクトル** (unit vector) という. ベクトル $|\psi\rangle$ が単位ベクトルでなくても, $|\psi\rangle \neq 0$ であれば,

$$c := \frac{1}{\||\psi\rangle\|} = \frac{1}{\sqrt{\langle\psi|\psi\rangle}}, \qquad |\phi\rangle := c|\psi\rangle \tag{2.18}$$

とおくことにより

$$\langle\phi|\phi\rangle = \langle c\psi|c\psi\rangle = c^*\langle\psi|c\psi\rangle = c^*c\langle\psi|\psi\rangle = |c|^2\langle\psi|\psi\rangle = \frac{1}{\langle\psi|\psi\rangle}\langle\psi|\psi\rangle = 1 \tag{2.19}$$

すなわち

$$\||\phi\rangle\| = 1 \tag{2.20}$$

となる．(2.18) の c は**規格化因子** (normalization factor) とか規格化乗数と呼ばれ，$|\phi\rangle$ は**規格化されたベクトル** (normalized vector) と呼ばれる．

2-4 コーシー・シュワルツの不等式

ヒルベルト空間の任意のベクトル $|\psi\rangle, |\chi\rangle$ に対して

$$\langle\psi|\psi\rangle\langle\chi|\chi\rangle \geq \left|\langle\chi|\psi\rangle\right|^2 \tag{2.21}$$

という不等式が成り立つ．これは**コーシー・シュワルツの不等式** (Cauchy-Schwarz inequality) と呼ばれ，ヒルベルト空間に関する最も重要な関係式である．

$\langle\chi|\chi\rangle = 0$ の場合と $\langle\chi|\chi\rangle \neq 0$ の場合に分けて (2.21) を証明する．$\langle\chi|\chi\rangle = 0$（複素数のゼロ）の場合は，正定値性 (2.12) より，$|\chi\rangle = 0$（ヌルベクトル）である．$0+0 = 0$（ヌルベクトル同士の和はヌルベクトル）と (2.7) から $\langle 0|\psi\rangle + \langle 0|\psi\rangle = \langle 0|\psi\rangle$ が従い，ゆえに $\langle 0|\psi\rangle = 0$ である．よって，(2.21) の両辺ともにゼロであり，等号が成立する．

$\langle\chi|\chi\rangle \neq 0$ の場合は，任意の複素数 t に対して

$$|\theta\rangle := |\psi\rangle - t|\chi\rangle \tag{2.22}$$

とおき（図 2.1），ノルムの非負性を表す不等式 $\langle\theta|\theta\rangle \geq 0$ を展開して

$$\begin{aligned}
\langle\theta|\theta\rangle &= \langle\psi - t\chi|\psi - t\chi\rangle \\
&= \langle\psi|\psi\rangle + \langle\psi|(-t)\chi\rangle + \langle(-t)\chi|\psi\rangle + \langle(-t)\chi|(-t)\chi\rangle \\
&= \langle\psi|\psi\rangle - t\langle\psi|\chi\rangle - t^*\langle\chi|\psi\rangle + |t|^2\langle\chi|\chi\rangle \geq 0
\end{aligned} \tag{2.23}$$

を得る．上の不等式は任意の t に対して成り立ち，とくに t の値を

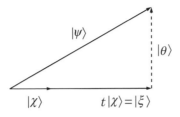

図 2.1　コーシー・シュワルツの不等式の幾何学的意味. 与えられた 2 つのベクトル $|\psi\rangle$, $|\chi\rangle$ に対して $|\psi\rangle = t|\chi\rangle + |\theta\rangle$ としたとき $\langle\theta|\theta\rangle \geq 0$ であることから (2.23), (2.25) が従う.

$$t = \frac{\langle\chi|\psi\rangle}{\langle\chi|\chi\rangle} \tag{2.24}$$

と選んでも成り立つ. $\langle\chi|\psi\rangle = \langle\psi|\chi\rangle^*$ を使って (2.23) を整理すると

$$\langle\psi|\psi\rangle - \frac{\langle\chi|\psi\rangle}{\langle\chi|\chi\rangle}\langle\psi|\chi\rangle - \frac{\langle\chi|\psi\rangle^*}{\langle\chi|\chi\rangle}\langle\chi|\psi\rangle + \left|\frac{\langle\chi|\psi\rangle}{\langle\chi|\chi\rangle}\right|^2 \langle\chi|\chi\rangle \geq 0$$

$$\langle\psi|\psi\rangle - \frac{|\langle\chi|\psi\rangle|^2}{\langle\chi|\chi\rangle} \geq 0 \tag{2.25}$$

となり, 式変形して (2.21) を得る. 以上でコーシー・シュワルツの不等式の証明が完了した.

　証明の手順と正定値性から, (2.21) の等号が成立するのは $|\chi\rangle = 0$ または $|\theta\rangle = 0$ のときだけであることがわかる. つまり, $|\chi\rangle = 0$ のとき, または, $|\psi\rangle = t|\chi\rangle$ となるような複素数 t が存在するときだけコーシー・シュワルツの不等式は等式になる.

　一般には 2-9 節で証明するが, 変数 t の値を (2.24) にしたとき (2.22) の $|\theta\rangle$ のノルムが最小になる. このとき

$$\langle\chi|\theta\rangle = \langle\chi|\Big(|\psi\rangle - t|\chi\rangle\Big) = \langle\chi|\psi\rangle - \frac{\langle\chi|\psi\rangle}{\langle\chi|\chi\rangle}\langle\chi|\chi\rangle = 0 \tag{2.26}$$

となり, $|\theta\rangle$ は $|\chi\rangle$ に直交する. つまり, $|\psi\rangle = t|\chi\rangle + |\theta\rangle$ という関係により, ベクトル $|\psi\rangle$ は $|\chi\rangle$ に平行な成分と $|\chi\rangle$ に垂直な成分に分解される（図 2.1）. とくに

$$|\xi\rangle := t|\chi\rangle = \frac{|\chi\rangle\langle\chi|\psi\rangle}{\langle\chi|\chi\rangle} \tag{2.27}$$

を $|\psi\rangle$ の $|\chi\rangle$ 方向への**射影** (projection) という.

2-5　確率

　そもそも確率とは何だろうかということに関しては諸説あるが，ここでは素朴に，**確率は，ある事象が起こりそうな度合，あるいは，ある事象が起こる頻度である**と考える．例えば，サイコロを 600 回投げると，3 の目が出る回数はジャスト 100 回とは断言できないが，97 回とか 102 回とか，100 回前後であることが期待される．サイコロを 6000 回投げれば，3 の目が出る回数はジャスト 1000 回ではなくても 1000 回前後である．サイコロを振る回数を増やせば増やすほど，サイコロを振った総回数に対して 3 の目が出る回数の割合は $\frac{1}{6}$ に近づく．「サイコロの 3 の目が出る確率が $\frac{1}{6}$ である」とは，こういうことを意味する．

　物理量 A を測る実験を N 回行って，そのうち測定値 a を得る回数を N_a とする．総回数 N を増やすと測定値 a を得る頻度が一定値

$$p_a := \lim_{N \to \infty} \frac{N_a}{N} \tag{2.28}$$

に収束することが期待できる．この極限値こそが確率だと考えるのが，確率の**頻度解釈** (frequency interpretation) である．物理量 A の測定値が a になる確率を

$$p_a = \mathbb{P}(A = a) \tag{2.29}$$

と書く．ある出来事が起こる回数 N_a や総回数 N が 0 より小さくなることはないので，

$$p_a = \frac{N_a}{N} \geq 0 \tag{2.30}$$

である．つまり確率は**非負**である．また，$0 \leq N_a \leq N$ なので

$$p_a = \frac{N_a}{N} \leq 1 \tag{2.31}$$

であり，ゆえに $0 \leq p_a \leq 1$ が言える．a と a' は異なる値だとすると，A $= a$ かつ A $= a'$ であるようなことは起きない．このように同時には起きない事象を**排反事象**という．また，A がとり得る値の全体の集合を $\{a, a', a'', \cdots\}$ とすると，

各値 a の出現回数 N_a の総和は測定の総回数 N と一致しなくてはならない：

$$\sum_a N_a \;=\; N. \tag{2.32}$$

ゆえに，確率の総和について

$$\sum_a p_a = \sum_a \frac{N_a}{N} = \frac{\sum_a N_a}{N} = \frac{N}{N} = 1 \tag{2.33}$$

が成り立つはずである．この性質 (2.33) を**確率の規格化条件** (normalization condition) という．

2-6　量子力学における確率解釈

　量子力学では系の状態はヒルベルト空間の単位ベクトルで表される．そのような単位ベクトルを**状態ベクトル** (state vector) という．これが量子力学の出発点となる仮定である．ベクトル $|\psi\rangle, |\chi\rangle$ のノルムが $\|\psi\| = 1, \|\chi\| = 1$ であるとき，状態 $|\psi\rangle$ から状態 $|\chi\rangle$ が見出される確率は

$$\mathbb{P}\Big(|\chi\rangle \leftarrow |\psi\rangle\Big) = \Big|\langle\chi|\psi\rangle\Big|^2 \tag{2.34}$$

に等しい．このことを**ボルン (Born) の確率解釈** (probabilistic interpretation, statistical interpretation) といい，この式 (2.34) を**ボルンの確率公式** (Born formula) という．この式は確率振幅の規則 (1.11) の再掲であり，内積（複素数値）$\langle\chi|\psi\rangle$ が確率振幅であることを示している．コーシー・シュワルツの不等式 (2.21) のおかげで，$|\langle\chi|\psi\rangle|^2 \leq \|\psi\|^2 \cdot \|\chi\|^2 = 1$ が言える．もちろん $0 \leq |\langle\chi|\psi\rangle|^2$ でもあるので，$|\langle\chi|\psi\rangle|^2$ は 0 以上 1 以下の実数になり，確率としての必要条件は満たす．

　$\mathbb{P}\Big(|\chi\rangle \leftarrow |\psi\rangle\Big)$ のことを「状態 $|\psi\rangle$ から状態 $|\chi\rangle$ への**遷移確率** (transition probability)」ともいう．「状態 $|\psi\rangle$ から状態 $|\chi\rangle$ が見出される確率」とはわかりにくい概念だが，「$|\psi\rangle$ だと思われていた状態でも多少は状態 $|\chi\rangle$ が混じっていて，例

えば (2.34) の値が 3/10 なら, 状態 $|\psi\rangle$ の系を 100 回観測すれば, そのうち 30 回くらい $|\chi\rangle$ という状態に見えることがある」というふうにイメージしてほしい.

量子力学の確率を与える式は (2.34) の他にもいろいろあり, 今後それらを紹介していくが, (2.34) が一番基本となる確率公式である. 以下では, さまざまな確率を計算する舞台となるヒルベルト空間の例を挙げる.

2-7 ヒルベルト空間の例

例 1. n 次元複素ユークリッド空間 $\mathbb{C}^n$ とは, n 個の複素数を縦に並べたベクトル全体の集合である. 縦ベクトルの和とスカラー倍を

$$|\psi_z\rangle + |\psi_w\rangle = \begin{pmatrix} z_1 \\ z_2 \\ \vdots \\ z_n \end{pmatrix} + \begin{pmatrix} w_1 \\ w_2 \\ \vdots \\ w_n \end{pmatrix} := \begin{pmatrix} z_1 + w_1 \\ z_2 + w_2 \\ \vdots \\ z_n + w_n \end{pmatrix} \tag{2.35}$$

$$c|\psi_z\rangle = c \begin{pmatrix} z_1 \\ z_2 \\ \vdots \\ z_n \end{pmatrix} := \begin{pmatrix} c\,z_1 \\ c\,z_2 \\ \vdots \\ c\,z_n \end{pmatrix} \tag{2.36}$$

で定め, 内積を

$$\langle \psi_w | \psi_z \rangle := (w_1^*, w_2^*, \cdots, w_n^*) \begin{pmatrix} z_1 \\ z_2 \\ \vdots \\ z_n \end{pmatrix} = w_1^* z_1 + w_2^* z_2 + \cdots + w_n^* z_n \tag{2.37}$$

で定めると $\mathbb{C}^n$ はヒルベルト空間になる. 内積 $\langle \psi_w | \psi_z \rangle$ を求めるとき, 左側のベクトル ψ_w の成分の複素共役を作ることに注意せよ. ケットベクトル $|\psi_w\rangle$ に共役なブラベクトル $\langle \psi_w |$ は, 縦ベクトルを転置複素共役した横ベクトルで定め

られる：

$$|\psi_w\rangle = \begin{pmatrix} w_1 \\ w_2 \\ \vdots \\ w_n \end{pmatrix}, \qquad \langle\psi_w| = (w_1^*, w_2^*, \cdots, w_n^*). \qquad (2.38)$$

縦ベクトルを列ベクトル，横ベクトルを行ベクトルともいう.

例題：$\mathbb{C}^2$ のベクトル

$$|\phi_1\rangle = \begin{pmatrix} 1+2i \\ 3+4i \end{pmatrix}, \qquad |\phi_2\rangle = \begin{pmatrix} 5+6i \\ 7+8i \end{pmatrix} \qquad (2.39)$$

の内積を定義式 (2.37) どおりに計算すると

$$\begin{aligned} \langle\phi_1|\phi_2\rangle &= (1+2i, 3+4i)^* \begin{pmatrix} 5+6i \\ 7+8i \end{pmatrix} \\ &= (1-2i, 3-4i) \begin{pmatrix} 5+6i \\ 7+8i \end{pmatrix} \\ &= (1-2i)(5+6i) + (3-4i)(7+8i) \\ &= 5+12+6i-10i+21+32+24i-28i \\ &= 70-8i \end{aligned} \qquad (2.40)$$

となる. **内積を求める際，左側のベクトルの成分の複素共役を作ることに注意** してほしい. ベクトル $|\phi_1\rangle$ のノルム 2 乗は

$$\begin{aligned} \||\phi_1\rangle\|^2 &= \langle\phi_1|\phi_1\rangle \\ &= |1+2i|^2 + |3+4i|^2 \\ &= 1^2 + 2^2 + 3^2 + 4^2 \\ &= 1+4+9+16 \\ &= 30 \end{aligned} \qquad (2.41)$$

に等しい．どのようなベクトルでも，そのノルム 2 乗は正の実数または 0 になり，ノルムの計算結果には虚数 i は残らない．もしも i が残っていたら計算間違いである．$|\phi_1\rangle$ のノルムは

$$\||\phi_1\rangle\| = \sqrt{30} \tag{2.42}$$

である．同様にベクトル $|\phi_2\rangle$ のノルム 2 乗は

$$\||\phi_2\rangle\|^2 = \langle\phi_2|\phi_2\rangle = |5+6i|^2 + |7+8i|^2 = 25+36+49+64 = 174 \tag{2.43}$$

に等しく，ノルムは $\||\phi_2\rangle\| = \sqrt{174}$ である．(2.40) の絶対値 2 乗は

$$|\langle\phi_1|\phi_2\rangle|^2 = |70-8i|^2 = 4900+64 = 4964 \tag{2.44}$$

となり，一方でノルム 2 乗の積は

$$\langle\phi_1|\phi_1\rangle\langle\phi_2|\phi_2\rangle = 30 \times 174 = 5220 \tag{2.45}$$

となり，$\langle\phi_1|\phi_1\rangle\langle\phi_2|\phi_2\rangle \geq |\langle\phi_1|\phi_2\rangle|^2$ となって，この場合もコーシー・シュワルツの不等式 (2.21) は成立している．もちろん (2.21) が一般的に成立することは数学的に証明したのだから，この場合も成立するに決まっているのだが，たまには具体例を計算してみて，ああ，ちゃんと成り立っているな，ということを見た方がよい．

例 2. 有限ノルムな無限数列空間 ℓ^2．複素数を無限個並べた縦ベクトル

$$|\psi\rangle = \begin{pmatrix} z_1 \\ z_2 \\ z_3 \\ \vdots \end{pmatrix} \tag{2.46}$$

の成分の絶対値 2 乗の無限級数

$$\left\||\psi\rangle\right\|^2 := |z_1|^2 + |z_2|^2 + |z_3|^2 + \cdots \tag{2.47}$$

が収束すれば $|\psi\rangle$ は有限ノルムであるという．有限ノルムなベクトル全体の集

合を ℓ^2 空間という．ℓ^2 空間の内積は (2.37) の和を無限級数に置き換えただけである．

例 3. $\mathbb{R}$ 上の 2 乗可積分関数空間 $L^2(\mathbb{R})$. 実数 x に複素数 $\psi(x)$ を対応させる関数

$$\psi : \mathbb{R} \to \mathbb{C}, \qquad x \mapsto \psi(x) \tag{2.48}$$

の絶対値 2 乗の $\mathbb{R}$ 全体にわたる積分

$$\left\| |\psi\rangle \right\|^2 := \int_{-\infty}^{\infty} |\psi(x)|^2 \, dx \tag{2.49}$$

が収束するような関数全体の集合を $L^2(\mathbb{R})$ 空間という．L は数学者ルベーグ (Lebesgue) の頭文字に由来する．関数 $\psi_1(x), \psi_2(x)$ の内積を

$$\langle \psi_1 | \psi_2 \rangle := \int_{-\infty}^{\infty} \psi_1(x)^* \, \psi_2(x) \, dx \tag{2.50}$$

で定める．

$L^2(\mathbb{R})$ は次のように解釈される．$L^2(\mathbb{R})$ は 1 次元空間中を動く粒子の状態を記述するヒルベルト空間である．$\psi(x)$ は**波動関数** (wavefunction) と呼ばれる．とくに規格化条件 $\| |\psi\rangle \|^2 = \int_{-\infty}^{\infty} |\psi(x)|^2 \, dx = 1$ を満たす波動関数は粒子の**物理的にありえる状態**を表しており，粒子が座標 x について $a \le x \le b$ の中に見つかる確率は

$$\mathbb{P}(a \le x \le b \,|\, \psi) = \int_a^b |\psi(x)|^2 \, dx \tag{2.51}$$

に等しいと解釈される．とくに Δx を微小量とすると，粒子が数直線上の x_0 と $x_0 + \Delta x$ の間に見つかる確率は

$$\mathbb{P}(x_0 \le x \le x_0 + \Delta x \,|\, \psi) = |\psi(x_0)|^2 \, \Delta x \tag{2.52}$$

に等しい．このことから $|\psi(x)|^2$ は**確率密度** (probability density)（単位長さあたりの確率）と呼ばれる．

【補足】量子化学では電子の波動関数のことを**軌道** (orbital) ともいう．軌道と言っても，

地球を周る人工衛星の軌道のように物体が描く曲線状の軌跡のようなものではなく，霧や雲のようなものをイメージしておいた方がよい．波動関数の絶対値が大きい場所では，電子を発見する確率が大きく，「電子の雲が濃い」と思ってよい．波動関数の絶対値が小さい（ゼロに近い）場所では，電子の発見確率が小さく，「電子の雲が薄い」と思ってよい．ただし，実際の雲が多数の氷のつぶでできているのに対して，波動関数が表す「電子雲」はあくまで**電子が 1 個だけある系において電子がある領域に見つかる確率**の濃淡を表している．

関数 $\psi(x)$ が $L^2(\mathbb{R})$ の元であるとは，(2.49) 式で定められるノルム 2 乗

$$\left\| |\psi\rangle \right\|^2 = \lim_{a \to \infty} \int_{-a}^{a} |\psi(x)|^2 \, dx \tag{2.53}$$

が有限値であるということである．右辺の積分の極限が発散せずに有限値に収束するならば，

$$\lim_{x \to -\infty} \psi(x) = 0 \quad \text{かつ} \quad \lim_{x \to \infty} \psi(x) = 0 \tag{2.54}$$

が成り立つ．しかし，条件 (2.54) が成立しても，(2.53) が有限値になるとは限らないので，注意が必要である．

【補足】練習問題として，α を実数として，以下の関数のグラフを描いて，ノルム 2 乗 $\||\psi\rangle\|^2 = \int_{-\infty}^{\infty} |\psi(x)|^2 dx$ を計算し，ノルムが有限値になるような α の範囲を求めてみよ．

$$\psi_1(x) = e^{\alpha|x|} = \begin{cases} e^{\alpha x} & (x \geq 0) \\ e^{-\alpha x} & (x < 0) \end{cases} \tag{2.55}$$

$$\psi_2(x) = \begin{cases} 1 & (-1 \leq x \leq 1) \\ \dfrac{1}{|x|^{\alpha/2}} & (x \leq -1 \text{ または } x \geq 1) \end{cases} \tag{2.56}$$

$$\psi_3(x) = \begin{cases} \dfrac{1}{|x|^{\alpha/2}} & (-1 \leq x < 0 \text{ または } 0 < x \leq 1) \\ 0 & (x < -1 \text{ または } x = 0 \text{ または } x > 1) \end{cases} \tag{2.57}$$

例 4. $L^2(\mathbb{R}^3)$. これは 3 次元空間中を動く粒子の状態を記述するヒルベルト空間である．3 つの実数変数 (x, y, z) を持つ複素数値関数

$$\psi : \mathbb{R}^3 \to \mathbb{C}, \qquad (x, y, z) \mapsto \psi(x, y, z) \tag{2.58}$$

の絶対値 2 乗積分

$$\left\| |\psi\rangle \right\|^2 := \iiint_{-\infty}^{\infty} |\psi(x,y,z)|^2 \, dxdydz \tag{2.59}$$

が有限値に収束すれば ψ は $L^2(\mathbb{R}^3)$ の元である. 内積は

$$\langle \psi_1 | \psi_2 \rangle := \iiint_{-\infty}^{\infty} \psi_1(x,y,z)^* \, \psi_2(x,y,z) \, dxdydz \tag{2.60}$$

で定める. $\Delta x, \Delta y, \Delta z$ を微小量として, 粒子の位置を観測したとき, x 座標の値が $x_0 \le x \le x_0 + \Delta x$ の範囲にあり, かつ, y 座標の値が $y_0 \le y \le y_0 + \Delta y$ にあり, かつ, z 座標の値が $z_0 \le z \le z_0 + \Delta z$ にあるような確率は

$$|\psi(x_0, y_0, z_0)|^2 \, \Delta x \, \Delta y \, \Delta z \tag{2.61}$$

に等しい. $|\psi(x,y,z)|^2$ も**確率密度**（単位体積あたりの確率）と呼ばれる.

2-8 基底

ヒルベルト空間 $\mathscr{H}$ のいくつかのベクトル $|\chi_1\rangle, |\chi_2\rangle, \cdots, |\chi_k\rangle$ について

$$c_1|\chi_1\rangle + c_2|\chi_2\rangle + \cdots + c_k|\chi_k\rangle = 0 \tag{2.62}$$

が成り立つ複素数 $c_1, c_2, \cdots, c_k$ は $c_1 = c_2 = \cdots = c_k = 0$ しかないのであれば, ベクトルの組 $\{|\chi_1\rangle, |\chi_2\rangle, \cdots, |\chi_k\rangle\}$ は**一次独立**あるいは**線形独立** (linearly independent) であるという. 線形独立ではないことを**線形従属** (linearly dependent) であるという. つまり, $\{|\chi_1\rangle, |\chi_2\rangle, \cdots, |\chi_k\rangle\}$ が線形従属であるとは, $c_1, c_2, \cdots, c_k$ のうち少なくとも 1 つはゼロでない複素数で (2.62) が成り立つことである. とくに $c_j \ne 0$ ならば $i = 1, 2, \cdots, j-1, j+1, \cdots, k$ について $b_i = -c_i/c_j$ とおくことにより

$$|\chi_j\rangle = b_1|\chi_1\rangle + b_2|\chi_2\rangle + \cdots + （j \text{ 番目の項を除く}）+ \cdots + b_k|\chi_k\rangle \tag{2.63}$$

となる. つまり, $|\chi_j\rangle$ は他のベクトルの線形結合で作られ, 独立していない.

線形独立なベクトルの数をこれ以上増やせないようなベクトルの組 $\{|\chi_1\rangle, |\chi_2\rangle,$ $\cdots, |\chi_n\rangle\}$ を $\mathscr{H}$ の**基底** (basis) という．また，基底の元の個数 n を空間 $\mathscr{H}$ の**次元** (dimension) といい，$\dim \mathscr{H} = n$ と書く．つまり，n 個のベクトルで線形独立なものはあるが，$n+1$ 個のベクトルをどう選んでも線形従属になってしまうのであれば，$\mathscr{H}$ は n 次元だという．基底のベクトルの個数が無限大になるヒルベルト空間もあり，そのようなヒルベルト空間は無限次元であるという．基底 $\{|\chi_1\rangle, |\chi_2\rangle, \cdots\}$ があれば，任意のベクトル $|\psi\rangle \in \mathscr{H}$ に対して

$$|\psi\rangle = c_1|\chi_1\rangle + c_2|\chi_2\rangle + \cdots \tag{2.64}$$

となるような複素数 $c_1, c_2, \cdots$ が一意的に存在する．(2.64) のような式を基底 $\{|\chi_1\rangle, |\chi_2\rangle, \cdots\}$ によるベクトル $|\psi\rangle$ の**展開式**といい，複素数 $c_1, c_2, \cdots$ を**展開係数**という．基底 $\{|\chi_1\rangle, |\chi_2\rangle, \cdots\}$ を一組選べば展開係数は一意的に定まるが，基底そのものの選び方は無数にあり，基底を取り換えるたびに展開係数も変わる．

さらに，規格直交条件

$$\langle \chi_r | \chi_s \rangle = \delta_{rs} = \begin{cases} 1 & (r = s) \\ 0 & (r \neq s) \end{cases} \tag{2.65}$$

を満たすような基底 $\{|\chi_1\rangle, |\chi_2\rangle, \cdots\}$ を $\mathscr{H}$ の**正規直交基底**あるいは**規格直交基底** (orthonormal basis) という．どんなベクトルでも $\{|\chi_1\rangle, |\chi_2\rangle, \cdots\}$ で展開できるというニュアンスを強調して，$\{|\chi_1\rangle, |\chi_2\rangle, \cdots\}$ を**完全正規直交系**（complete orthonormal system, CONS, コンズ）ともいう．記号 δ_{rs} は添字 r, s の値が一致しているとき 1，そうでなければ 0 であるという約束であり，δ_{rs} を**クロネッカーのデルタ** (Kronecker's delta) という．本書では，単位ベクトルとは限らず互いに直交しているとも限らないベクトルからなる一般的な基底と，正規直交基底である CONS とを区別して表記する．

$\{|\chi_1\rangle, |\chi_2\rangle, \cdots\}$ が CONS であるとき，展開式

$$|\psi\rangle = \sum_s c_s |\chi_s\rangle \tag{2.66}$$

の両辺に $\langle \chi_r |$ との内積を施すと

$$\langle\chi_r|\psi\rangle = \langle\chi_r|\Big(\sum_s c_s|\chi_s\rangle\Big) = \sum_s c_s\langle\chi_r|\chi_s\rangle = \sum_s c_s\delta_{rs} = c_r \tag{2.67}$$

となることから展開係数 $c_r = \langle\chi_r|\psi\rangle$ を得る. よって

$$|\psi\rangle = \sum_r c_r|\chi_r\rangle = \sum_r |\chi_r\rangle c_r = \sum_r |\chi_r\rangle\langle\chi_r|\psi\rangle \tag{2.68}$$

が成り立つ. 右辺と左辺を見比べると $\sum_r |\chi_r\rangle\langle\chi_r|$ が $|\psi\rangle$ に掛かった結果は $|\psi\rangle$ に戻っているので, 数字の 1 を掛け算したのと同等であり, このことを形式的に

$$\sum_r |\chi_r\rangle\langle\chi_r| = 1 \quad (= \hat{I}) \tag{2.69}$$

と書いてよい. この式 (2.69) をファインマンは「量子力学における大法則」と呼んでいる (参考文献 [5] ファインマン物理学 5, p.136, (8.9) 式). この式は非常に意味深な式であるし, 本書でも後の講でこの式を何度も使う.

ボルンの確率公式 (2.34) と展開係数の式 (2.67) より

$$p_r = \mathbb{P}\Big(|\chi_r\rangle \leftarrow |\psi\rangle\Big) = \Big|\langle\chi_r|\psi\rangle\Big|^2 = |c_r|^2 \tag{2.70}$$

は状態 $|\psi\rangle$ から状態 $|\chi_r\rangle$ が見出される確率に等しい. $\langle\psi|\psi\rangle = 1$ という仮定と展開式 (2.66) と $c_r = \langle\chi_r|\psi\rangle$ の共役式 $c_r^* = \langle\chi_r|\psi\rangle^* = \langle\psi|\chi_r\rangle$ より

$$1 = \langle\psi|\psi\rangle = \langle\psi|\Big(\sum_r c_r|\chi_r\rangle\Big) = \sum_r c_r\langle\psi|\chi_r\rangle = \sum_r c_r c_r^*$$
$$= \sum_r |c_r|^2 = \sum_r p_r \tag{2.71}$$

が成り立ち, 確率の規格化条件 (2.33) が満たされている. つまり, 状態 $|\psi\rangle$ から CONS $\{|\chi_1\rangle, |\chi_2\rangle, \cdots\}$ のどれかの状態に乗り移る確率の総和は 1 である.

2-9　展開公式の幾何学的意味

ヒルベルト空間 $\mathscr{H}$ における展開公式 (2.68) は幾何学的に解釈できる. $\mathscr{H}$ の次元は $\dim\mathscr{H} = n$ とする (n は無限大でもよい). $k \le n$ なる任意の自然数 k を

固定して（n が無限大なら k も無限大でもよい）k 個の規格直交ベクトルからなる集合 $\{|\chi_1\rangle, |\chi_2\rangle, \cdots, |\chi_k\rangle\}$ を選んでおく．このとき，複素数 c_r $(r = 1, 2, \cdots, k)$ を適当に選んで

$$|\xi\rangle := \sum_{r=1}^{k} c_r |\chi_r\rangle \tag{2.72}$$

とおく．任意の複素数 c_r $(r = 1, 2, \cdots, k)$ に対するベクトル $|\xi\rangle$ 全体の集合 S を $\{|\chi_1\rangle, |\chi_2\rangle, \cdots, |\chi_k\rangle\}$ で張られる k 次元**超平面** (hyperplane) または**部分空間** (subspace) という．

次に $|\psi\rangle \in \mathscr{H}$ は任意のベクトルとする．このとき超平面内のベクトル $|\xi\rangle \in S$ と $|\psi\rangle$ の差のノルム 2 乗

$$D := \left\| |\psi\rangle - |\xi\rangle \right\|^2 \tag{2.73}$$

は，$|\psi\rangle$ と $|\xi\rangle$ の距離の 2 乗でもある．さてここで，D が最小となるような c_r を求めよという問題を考えよう．つまり，超平面 S と，超平面上にはない点 $|\psi\rangle$ が与えられたとき，超平面 S 内の点 $|\xi\rangle$ で $|\psi\rangle$ に**最も近い点**を求めよという問題である（図 2.2）．その答えは

$$c_r = \langle \chi_r | \psi \rangle \qquad (r = 1, 2, \cdots, k) \tag{2.74}$$

である．そのことを以下で示そう．(2.73) の式に (2.72) を入れると，

$$
\begin{aligned}
D &= \big(\langle \psi | - \langle \xi | \big) \big(|\psi\rangle - |\xi\rangle \big) \\
&= \langle \psi | \psi \rangle - \langle \psi | \xi \rangle - \langle \xi | \psi \rangle + \langle \xi | \xi \rangle \\
&= \langle \psi | \psi \rangle - \sum_r c_r \langle \psi | \chi_r \rangle - \sum_r c_r^* \langle \chi_r | \psi \rangle + \sum_r \sum_s c_r^* c_s \langle \chi_r | \chi_s \rangle \\
&= \langle \psi | \psi \rangle - \sum_r c_r \langle \chi_r | \psi \rangle^* - \sum_r c_r^* \langle \chi_r | \psi \rangle + \sum_r c_r^* c_r \\
&= \langle \psi | \psi \rangle - \sum_r \langle \chi_r | \psi \rangle^* \langle \chi_r | \psi \rangle + \sum_r \left(c_r^* - \langle \chi_r | \psi \rangle^* \right) \left(c_r - \langle \chi_r | \psi \rangle \right) \\
&= \langle \psi | \psi \rangle - \sum_r \left| \langle \chi_r | \psi \rangle \right|^2 + \sum_r \left| c_r - \langle \chi_r | \psi \rangle \right|^2
\end{aligned}
\tag{2.75}
$$

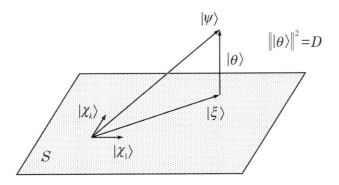

図 2.2 規格直交ベクトル $|\chi_1\rangle, \cdots, |\chi_k\rangle$ と任意のベクトル $|\psi\rangle$ が与えられたとき, $|\chi_1\rangle, \cdots, |\chi_k\rangle$ で張られる超平面 S 内のベクトル $|\xi\rangle$ と $|\psi\rangle$ との距離が最短になるのは $|\xi\rangle$ と $|\theta\rangle = |\psi\rangle - |\xi\rangle$ とが直交するとき.

となる. 最後の項は $c_r = \langle \chi_r | \psi \rangle$ のとき最小となる. ゆえに (2.74) が導かれた.

距離 $D = \||\psi\rangle - |\xi\rangle\|^2$ が最小となる $|\xi\rangle$ は次のような特徴がある :

$$|\theta\rangle := |\psi\rangle - |\xi\rangle \text{ とおくと } D \text{ が最小になるとき } \langle \xi|\theta\rangle = 0. \qquad (2.76)$$

証明は計算である :

$$
\begin{aligned}
\langle \xi|\theta\rangle &= \Big(\sum_r c_r^* \langle \chi_r| \Big) \Big(|\psi\rangle - \sum_s c_s |\chi_s\rangle \Big) \\
&= \sum_r c_r^* \langle \chi_r|\psi\rangle - \sum_r \sum_s c_r^* c_s \langle \chi_r|\chi_s\rangle \\
&= \sum_r c_r^* c_r - \sum_r \sum_s c_r^* c_s \delta_{rs} = 0. \qquad (2.77)
\end{aligned}
$$

これは, ベクトル $|\psi\rangle$ を $|\psi\rangle = |\xi\rangle + |\theta\rangle$ のように 2 つのベクトルの和に分けたとき $|\xi\rangle$ と $|\theta\rangle$ とが直交していることを表している. 幾何学的には, $\{|\chi_1\rangle, \cdots, |\chi_k\rangle\}$ で張られる超平面 S に $|\psi\rangle$ から垂線を下した点が $|\xi\rangle$ であり, この点が超平面 S 内で $|\psi\rangle$ に最も近い点になっていることを意味している. 以上の性質は, ノルムを長さと解釈することや, 内積がゼロであることを直交と解釈することが, 図形的な直観と整合していることを意味している. このように決められた $|\xi\rangle$ を, $\{|\chi_1\rangle, \cdots, |\chi_k\rangle\}$ で張られる超平面へのベクトル $|\psi\rangle$ の**射影** (projection) という.

問 2-1. ヒルベルト空間の任意のベクトル $|\psi_1\rangle$, $|\psi_2\rangle$ に対して

$$\big\||\psi_1\rangle + |\psi_2\rangle\big\|^2 = \big\||\psi_1\rangle\big\|^2 + \big\||\psi_2\rangle\big\|^2 + 2\,\mathrm{Re}\langle\psi_1|\psi_2\rangle \tag{2.78}$$

が成り立つことを証明せよ．実ベクトルに対しては，この関係式は三角関数の**余弦定理**と同等である．

問 2-2. ヒルベルト空間の任意のベクトル $|\psi_1\rangle$, $|\psi_2\rangle$ に対して

$$\big\||\psi_1\rangle + |\psi_2\rangle\big\|^2 + \big\||\psi_1\rangle - |\psi_2\rangle\big\|^2 = 2\big\{\big\||\psi_1\rangle\big\|^2 + \big\||\psi_2\rangle\big\|^2\big\} \tag{2.79}$$

が成り立つことを証明せよ．この関係式は**中線定理**とか**平行四辺形の定理**と呼ばれる．

問 2-3. $|\psi_1\rangle \perp |\psi_2\rangle$ ならば

$$\big\||\psi_1\rangle + |\psi_2\rangle\big\|^2 = \big\||\psi_1\rangle - |\psi_2\rangle\big\|^2 = \big\||\psi_1\rangle\big\|^2 + \big\||\psi_2\rangle\big\|^2 \tag{2.80}$$

が成り立つことを証明せよ．この関係式は**ピタゴラスの定理**あるいは**三平方の定理**と呼ばれる．

問 2-4. ヒルベルト空間の任意のベクトル ψ_1, ψ_2 に対して

$$\big\||\psi_1\rangle + |\psi_2\rangle\big\| \le \big\||\psi_1\rangle\big\| + \big\||\psi_2\rangle\big\| \tag{2.81}$$

が成り立つことを証明せよ．これは**三角不等式**と呼ばれる．

第 3 講

物理量を表す演算子

　量子力学では，物理量をヒルベルト空間上の演算子で表す．とくに自己共役演算子は，固有値が実数であり，異なる固有値に属する固有ベクトルが直交し，一次独立な固有ベクトル全部を集めたものが基底（完全系）になるという著しい性質を持つ．その性質のおかげで，自己共役演算子の固有値を物理量の測定値と解釈し，自己共役演算子の固有ベクトルを物理量の値が確定している状態と解釈し，固有ベクトルと一般の状態ベクトルとの内積は固有値が測定値として得られる確率を与える確率振幅だとする解釈が無理なくできて，量子力学と現実世界との首尾一貫した対応が可能になる．

3-1　演算子

　ヒルベルト空間 $\mathcal{H}$ の任意のベクトル $|\psi\rangle \in \mathcal{H}$ をベクトル $\hat{A}|\psi\rangle \in \mathcal{H}$ に移す写像 $\hat{A} : \mathcal{H} \to \mathcal{H}$ が，任意の $|\psi_1\rangle, |\psi_2\rangle, |\psi\rangle \in \mathcal{H}$ と任意の $c \in \mathbb{C}$ に対して

$$\hat{A}\Big(|\psi_1\rangle + |\psi_2\rangle\Big) = \hat{A}|\psi_1\rangle + \hat{A}|\psi_2\rangle \tag{3.1}$$

$$\hat{A}(c|\psi\rangle) = c(\hat{A}|\psi\rangle) \tag{3.2}$$

を満たすならば，$\hat{A}$ を $\mathcal{H}$ 上の**線形演算子** (linear operator) あるいはたんに**演算子** (operator) という．演算子のことを**作用素**と呼ぶ流儀もある．写像 $\hat{A}$ で $|\psi\rangle$ を $\hat{A}|\psi\rangle$ に移すことを，$\hat{A}$ が $|\psi\rangle$ に作用するという．とくに任意のベクトル $|\psi\rangle \in \mathcal{H}$ に対して

$$\hat{I}|\psi\rangle := |\psi\rangle \tag{3.3}$$

で定められる写像 $\hat{I} : \mathscr{H} \to \mathscr{H}$ を**恒等演算子** (identity operator) または**単位演算子** (unit operator) という．演算子 $\hat{A}_1$ と $\hat{A}_2$ が等しいとは，任意のベクトル $|\psi\rangle \in \mathscr{H}$ に対して

$$\hat{A}_1|\psi\rangle = \hat{A}_2|\psi\rangle \tag{3.4}$$

が成り立つことである．このとき $\hat{A}_1 = \hat{A}_2$ と書く．演算子同士の和 $\hat{A} + \hat{B}$ や，演算子のスカラー倍 $c\hat{A}$，演算子同士の積 $\hat{A}\hat{B}$ が定義できる：

$$(\hat{A} + \hat{B})|\psi\rangle := \hat{A}|\psi\rangle + \hat{B}|\psi\rangle, \tag{3.5}$$

$$(c\hat{A})|\psi\rangle := c(\hat{A}|\psi\rangle), \tag{3.6}$$

$$(\hat{A}\hat{B})|\psi\rangle := \hat{A}(\hat{B}|\psi\rangle). \tag{3.7}$$

とくに恒等演算子は「掛けても相手を変えない」演算子なので，任意の演算子 $\hat{A}$ について

$$\hat{A}\hat{I} = \hat{I}\hat{A} = \hat{A} \tag{3.8}$$

が成り立つ．しかし，一般の演算子の積においては，一般に $\hat{A}\hat{B}$ と $\hat{B}\hat{A}$ は等しくない．$\hat{A}\hat{B}$ と $\hat{B}\hat{A}$ の「等しくなさ」として

$$[\hat{A}, \hat{B}] := \hat{A}\hat{B} - \hat{B}\hat{A} \tag{3.9}$$

を定め，$[\hat{A}, \hat{B}]$ を $\hat{A}$ と $\hat{B}$ の**交換子** (commutator) という．$[\hat{A}, \hat{B}]$ も演算子である．また，

$$\{\hat{A}, \hat{B}\} := \hat{A}\hat{B} + \hat{B}\hat{A} \tag{3.10}$$

を $\hat{A}$ と $\hat{B}$ の**反交換子** (anti-commutator) という．

演算子 $\hat{A} : \mathscr{H} \to \mathscr{H}$ に対して

$$\hat{A}'\hat{A} = \hat{A}\hat{A}' = \hat{I} \tag{3.11}$$

を満たす演算子 $\hat{A}' : \mathcal{H} \to \mathcal{H}$ があれば，任意のベクトル $|\psi\rangle$ に対して

$$\hat{A}'\hat{A}|\psi\rangle = |\psi\rangle \tag{3.12}$$

となる．つまりベクトル $|\psi\rangle$ に演算子 $\hat{A}$ が作用した後で演算子 $\hat{A}'$ が作用すれ ばベクトルは完全に元通りになる．また $\hat{A}\hat{A}'|\psi\rangle = |\psi\rangle$ は，ベクトル $|\psi\rangle$ に演算 子 $\hat{A}'$ が作用した後に演算子 $\hat{A}$ が作用するとベクトルは元通りになることを意 味している．そのような $\hat{A}'$ があるとは限らないが，もしもあれば，$\hat{A}'$ を $\hat{A}$ の **逆演算子** (inverse) といい，$\hat{A}'$ のことを $\hat{A}^{-1}$ と書き，"inverse of A" と呼ぶ．

また，任意のベクトル $|\psi\rangle \in \mathcal{H}$ に対して

$$\hat{0}|\psi\rangle := 0 \quad （右辺はゼロベクトル） \tag{3.13}$$

で定められる写像 $\hat{0} : \mathcal{H} \to \mathcal{H}$ を**ゼロ演算子**という．任意の演算子 $\hat{A}$ に対して $\hat{A} + \hat{0} = \hat{A}$，$\hat{A}\hat{0} = \hat{0}\hat{A} = \hat{0}$ が成り立つ．

変則的に見えるかもしれないが，ケット・ブラの順に任意のベクトルを並べて

$$\hat{B} := |\chi\rangle\langle\xi| \tag{3.14}$$

という式で演算子 $\hat{B}$ を定めることもできる．演算子 $\hat{B}$ が任意のベクトル $|\psi\rangle$ に 作用すると

$$\hat{B}|\psi\rangle = |\chi\rangle\langle\xi|\psi\rangle := |\chi\rangle\Big(\langle\xi|\psi\rangle\Big) = \alpha|\chi\rangle \tag{3.15}$$

となる．ただし右辺で $\alpha := \langle\xi|\psi\rangle$ とおいた．

例 1．n 行 n 列の複素数行列は，ヒルベルト空間 $\mathcal{H} = \mathbb{C}^n$ 上の演算子である． つまり n^2 個の複素数を n 行 n 列に並べた行列 $\hat{A}$ と n 個の複素数を並べたベク トル $|\psi\rangle$ を

$$\hat{A} = \begin{pmatrix} A_{11} & A_{12} & \cdots & A_{1n} \\ A_{21} & A_{22} & \cdots & A_{2n} \\ \vdots & \vdots & \ddots & \vdots \\ A_{n1} & A_{n2} & \cdots & A_{nn} \end{pmatrix}, \qquad |\psi\rangle = \begin{pmatrix} z_1 \\ z_2 \\ \vdots \\ z_n \end{pmatrix} \tag{3.16}$$

と書くと，$\hat{A}$ が $|\psi\rangle$ に作用した結果は

$$\hat{A}|\psi\rangle = \begin{pmatrix} A_{11}z_1 + A_{12}z_2 + \cdots + A_{1n}z_n \\ A_{21}z_1 + A_{22}z_2 + \cdots + A_{2n}z_n \\ \vdots \\ A_{n1}z_1 + A_{n2}z_2 + \cdots + A_{nn}z_n \end{pmatrix} \tag{3.17}$$

という n 次元ベクトルになる．演算子の和・スカラー倍・積は，行列の和・スカラー倍・積に他ならない．また，$\mathbb{C}^n$ 上の恒等演算子は n 行 n 列の単位行列

$$\hat{I} = \begin{pmatrix} 1 & 0 & \cdots & 0 \\ 0 & 1 & \cdots & 0 \\ \vdots & \vdots & \ddots & \vdots \\ 0 & 0 & \cdots & 1 \end{pmatrix} \tag{3.18}$$

である．また，

$$|\chi\rangle = \begin{pmatrix} x_1 \\ x_2 \\ \vdots \\ x_n \end{pmatrix}, \qquad |\xi\rangle = \begin{pmatrix} y_1 \\ y_2 \\ \vdots \\ y_n \end{pmatrix} \tag{3.19}$$

であれば (3.14) の $\hat{B} = |\chi\rangle\langle\xi|$ は

$$\hat{B} = |\chi\rangle\langle\xi| = \begin{pmatrix} x_1 \\ x_2 \\ \vdots \\ x_n \end{pmatrix} (y_1^*, y_2^*, \cdots, y_n^*) = \begin{pmatrix} x_1 y_1^* & x_1 y_2^* & \cdots & x_1 y_n^* \\ x_2 y_1^* & x_2 y_2^* & \cdots & x_2 y_n^* \\ \vdots & \vdots & & \vdots \\ x_n y_1^* & x_n y_2^* & \cdots & x_n y_n^* \end{pmatrix} \tag{3.20}$$

という行列になる．

例 2. 実数値関数 $V : \mathbb{R} \to \mathbb{R},\ x \mapsto V(x)$ が与えられれば，関数空間 $L^2(\mathbb{R})$ において関数値 $V(x)$ による**掛け算演算子** (multiplicative operator) $\hat{V}$ が

$$\hat{V}\psi(x) := V(x)\psi(x) \tag{3.21}$$

で定められる．とくに x 座標の値を掛け算する演算子 $\hat{X}$ が

$$\hat{X}\psi(x) := x \cdot \psi(x) \tag{3.22}$$

で定まるが，この $\hat{X}$ を**位置演算子** (position operator) という．

　例 3. 関数空間 $L^2(\mathbb{R})$ において**運動量演算子** (momentum operator) $\hat{P}$ を

$$\hat{P}\psi(x) := -i\hbar\frac{\partial\psi}{\partial x} = -i\frac{h}{2\pi}\frac{\partial\psi}{\partial x} \tag{3.23}$$

で定める．ここで h は**プランク定数** (Planck constant) と呼ばれる物理定数である．$\hbar$ には**ディラック定数** (Dirac constant) という名前が付いているが，$\hbar$ もプランク定数と呼ばれることが多い．それらの値は

$$h := 6.62607015 \times 10^{-34}\,\mathrm{J \cdot s} \tag{3.24}$$

$$\hbar := \frac{h}{2\pi} = 1.054571817\cdots \times 10^{-34}\,\mathrm{J \cdot s} \tag{3.25}$$

である．プランク定数の値は文献によって微妙に異なることがあるので注意してほしい．ここに書いたのは CODATA [20] が 2018 年に定めた値である．(3.24) のプランク定数 h は定義値であり，誤差なしでジャストこの値である．しかし，たいていの計算には有効数字 3 ケタの近似値で十分である：

$$h \fallingdotseq 6.63 \times 10^{-34}\,\mathrm{J \cdot s} \tag{3.26}$$

$$\hbar \fallingdotseq 1.05 \times 10^{-34}\,\mathrm{J \cdot s} \tag{3.27}$$

J はエネルギーの単位のジュール (joule) であり，s は時間の単位の秒 (second) である．古典力学ではエネルギーを時間で積分したもの，あるいは，運動量を距離で積分したものを**作用積分** (action integral) または**作用**という．**プランク定数は作用の次元を持つ**．歴史的には，作用積分がプランク定数の整数倍の値をとるという規則（量子条件）が，古典力学から量子力学への橋渡し役であった．

　位置演算子 $\hat{X}$ と運動量演算子 $\hat{P}$ の交換子は

$$[\hat{X}, \hat{P}] = i\hbar\hat{I} \tag{3.28}$$

となることを示そう．任意の波動関数 $\psi(x)$ に対して

$$\hat{X}\hat{P}\psi(x) = x\left(-i\hbar\frac{\partial\psi}{\partial x}\right) = -i\hbar\left(x\cdot\frac{\partial\psi}{\partial x}\right), \tag{3.29}$$

$$\hat{P}\hat{X}\psi(x) = -i\hbar\frac{\partial}{\partial x}\left(x\cdot\psi(x)\right) = -i\hbar\left(\psi(x) + x\cdot\frac{\partial\psi}{\partial x}\right) \tag{3.30}$$

なので，

$$[\hat{X},\hat{P}]\psi(x) = \hat{X}\hat{P}\psi(x) - \hat{P}\hat{X}\psi(x) = i\hbar\psi(x) = i\hbar\hat{I}\psi(x) \tag{3.31}$$

となり，これが任意の $\psi(x)$ に対して成り立つので $[\hat{X},\hat{P}] = i\hbar\hat{I}$ が結論される．この関係式 (3.28) を**正準交換関係** (canonical commutation relation) という．古典力学では位置と運動量は積が可換な実数変数であったが，それらを非可換な演算子 $\hat{X},\hat{P}$ で置き換えることを**正準量子化** (canonical quantization) という．物理量の積の非可換性を設定することが量子化だと言ってもよい．

【補足】細かいことを言うと，関数 $\psi(x)$ が $L^2(\mathbb{R})$ の元であっても $\hat{X}\psi(x) = x\psi(x)$ は $L^2(\mathbb{R})$ の元とは限らない．言い換えると，積分 $\int_{-\infty}^{\infty}|\psi(x)|^2 dx$ は有限値であっても，変数 x の値は際限なく大きくなるので $\int_{-\infty}^{\infty}|x\psi(x)|^2 dx$ は発散するかもしれない．また，関数の微分は際限なく大きくなりうるので，$\hat{P}\psi(x) = -i\hbar\frac{\partial\psi}{\partial x}$ も $L^2(\mathbb{R})$ の元とは限らない．そもそも微分不可能な関数もいっぱいある．そうすると，演算子 $\hat{P}$ が作用した結果が $L^2(\mathbb{R})$ に収まるような関数 $\psi(x)$ 全体の集合は $L^2(\mathbb{R})$ よりも小さな集合になる．これを**演算子の定義域の問題**という．

　一般に，演算子 $\hat{A}$ に対して正の実数定数 $C_{\hat{A}}$ が存在して，任意のベクトル $|\psi\rangle \in \mathscr{H}$ に対して $\|\hat{A}|\psi\rangle\| \leq C_{\hat{A}}\||\psi\rangle\|$ が成立するならば，演算子 $\hat{A}$ は**有界演算子** (bounded operator) であるという．$\hat{X}$ や $\hat{P}$ は**非有界演算子** (unbounded operator) である．非有界演算子の数学的取り扱いは注意を要することが多いが，本書では非有界演算子の微妙な問題には頓着しないでおく．

3-2　エルミート共役

任意のベクトル $|\chi\rangle, |\psi\rangle \in \mathscr{H}$ に対して

$$\langle\chi|\hat{A}\psi\rangle = \langle\hat{A}^\dagger\chi|\psi\rangle \tag{3.32}$$

を満たすような演算子 $\hat{A}^\dagger$ を $\hat{A}$ の**エルミート共役** (Hermitian conjugate) という.
ただし, この式の左辺では, いままでの記法なら $\hat{A}|\psi\rangle$ と書くべきものを $|\hat{A}\psi\rangle$ と書
いている. 右辺では, $|\theta\rangle := \hat{A}^\dagger|\chi\rangle = |\hat{A}^\dagger\chi\rangle$ と書くことにして, $\langle\hat{A}^\dagger\chi|\psi\rangle := \langle\theta|\psi\rangle$
を定めている. 記号 † は短剣の形を表しており, dagger（ダガー）と読まれる.
エルミート共役の定義式 (3.32) は, 左辺ではケット $|\psi\rangle$ に作用している演算子
$\hat{A}$ を右辺ではブラ $\langle\chi|$ 側に押し付けて書き換えると共役演算子 $\hat{A}^\dagger$ に変わると
言っている. (3.32) からケットの $|\psi\rangle$ を取り払って

$$\langle\chi|\hat{A} = \langle\hat{A}^\dagger\chi| \tag{3.33}$$

と書いてもよい. (3.32) の両辺の複素共役は

$$\langle\hat{A}\psi|\chi\rangle = \langle\chi|\hat{A}\psi\rangle^* = \langle\hat{A}^\dagger\chi|\psi\rangle^* = \langle\psi|\hat{A}^\dagger\chi\rangle \tag{3.34}$$

となるので,

$$\langle\chi|\hat{A}|\psi\rangle^* = \langle\psi|\hat{A}^\dagger|\chi\rangle \tag{3.35}$$

が成り立つ. この式を $\hat{A}^\dagger$ の定義式と思ってもよい.

　ヒルベルト空間が $\mathbb{C}^n$ の場合, 演算子は n 行 n 列の行列だが, そのエルミー
ト共役を具体的に求めておこう. ベクトル $|\psi\rangle$ の第 j 成分を $(|\psi\rangle)_j = z_j$, 行列 $\hat{A}$
の j 行 k 列目の成分を $(\hat{A})_{jk} = A_{jk}$ と書くことにすると, ベクトル $|\chi\rangle, |\psi\rangle$ の
内積は

$$\langle\chi|\psi\rangle = \sum_{j=1}^n (|\chi\rangle)_j^* (|\psi\rangle)_j \tag{3.36}$$

となり, 行列 $\hat{A}$ がベクトル $|\psi\rangle$ に作用してできるベクトル $\hat{A}|\psi\rangle$ の第 j 成分は

$$(\hat{A}|\psi\rangle)_j = \sum_{k=1}^n (\hat{A})_{jk}(|\psi\rangle)_k \tag{3.37}$$

で与えられる. 行列の積 $\hat{A}\hat{B}$ がベクトルに作用した結果の第 j 成分は

$$(\hat{A}\hat{B}|\psi\rangle)_j = \sum_k (\hat{A})_{jk}(\hat{B}|\psi\rangle)_k$$

$$= \sum_k (\hat{A})_{jk} \sum_{\ell=1}^{n} (\hat{B})_{k\ell}(|\psi\rangle)_{\ell}$$

$$= \sum_k \sum_\ell (\hat{A})_{jk}(\hat{B})_{k\ell}(|\psi\rangle)_{\ell}$$

$$= \sum_\ell \sum_k (\hat{A})_{jk}(\hat{B})_{k\ell}(|\psi\rangle)_{\ell}$$

$$\sum_\ell (\hat{A}\hat{B})_{j\ell}(|\psi\rangle)_{\ell} = \sum_\ell \Big(\sum_k (\hat{A})_{jk}(\hat{B})_{k\ell} \Big)(|\psi\rangle)_{\ell} \tag{3.38}$$

となるので，行列の積の成分は

$$(\hat{A}\hat{B})_{j\ell} = \sum_k (\hat{A})_{jk}\,(\hat{B})_{k\ell} \tag{3.39}$$

で与えられることがわかる．エルミート共役の定義式 (3.32) の左辺を計算すると

$$\langle\chi|\hat{A}\psi\rangle = \sum_j (|\chi\rangle)_j^* \,(\hat{A}|\psi\rangle)_j$$

$$= \sum_j (|\chi\rangle)_j^* \sum_\ell (\hat{A})_{j\ell}(|\psi\rangle)_{\ell}$$

$$= \sum_j \sum_\ell (|\chi\rangle)_j^* \,(\hat{A})_{j\ell}(|\psi\rangle)_{\ell}$$

$$= \sum_\ell \sum_j (\hat{A})_{j\ell} \,(|\chi\rangle)_j^* \,(|\psi\rangle)_{\ell}$$

$$= \sum_\ell \sum_j \big\{ (\hat{A})_{j\ell}^* \,(|\chi\rangle)_j \big\}^* \,(|\psi\rangle)_{\ell} \tag{3.40}$$

となり，(3.32) の右辺が

$$\langle\hat{A}^\dagger\chi|\psi\rangle = \sum_\ell \sum_j \big\{ (\hat{A}^\dagger)_{\ell j}(|\chi\rangle)_j \big\}^* \,(|\psi\rangle)_{\ell} \tag{3.41}$$

となって，任意の $|\chi\rangle$ と $|\psi\rangle$ に対して (3.40) と (3.41) が等しいのだから

$$(\hat{A}^\dagger)_{\ell j} = (\hat{A})_{j\ell}^* \tag{3.42}$$

が結論される．つまり，行列 $\hat{A}^\dagger$ の ℓ 行 j 列目の成分は行列 $\hat{A}$ の j 行 ℓ 列目の成分の複素共役に等しい．まとめると，ヒルベルト空間 $\mathbb{C}^n$ 上の演算子のエル

ミート共役は，**転置行列** (transposed matrix, 成分の行番号と列番号を入れ換えた行列) の複素共役である：

$$\hat{A} = \begin{pmatrix} A_{11} & A_{12} & \cdots & A_{1n} \\ A_{21} & A_{22} & \cdots & A_{2n} \\ \vdots & \vdots & & \vdots \\ A_{n1} & A_{n2} & \cdots & A_{nn} \end{pmatrix}, \qquad \hat{A}^{\dagger} = \begin{pmatrix} A_{11}^* & A_{21}^* & \cdots & A_{n1}^* \\ A_{12}^* & A_{22}^* & \cdots & A_{n2}^* \\ \vdots & \vdots & & \vdots \\ A_{1n}^* & A_{2n}^* & \cdots & A_{nn}^* \end{pmatrix}. \tag{3.43}$$

次の数学的性質は便利でよく使われる．2 つのベクトル $|\psi_1\rangle, |\psi_2\rangle$ が

$$\forall |\chi\rangle \in \mathscr{H}, \quad \langle \chi | \psi_1 \rangle = \langle \chi | \psi_2 \rangle \tag{3.44}$$

($\forall$ は全称記号と呼ばれ，「すべての (all)，任意の (any, arbitrary)」を意味する) を満たすならば，$|\psi_1\rangle = |\psi_2\rangle$ が成り立つ．なぜなら，(3.44) は

$$\forall |\chi\rangle \in \mathscr{H}, \quad \langle \chi | \Big(|\psi_1\rangle - |\psi_2\rangle \Big) = 0 \tag{3.45}$$

と書けて，$|\chi\rangle$ は何でもよいのだから $|\chi\rangle = |\psi_1\rangle - |\psi_2\rangle$ を選んでもよく，

$$\Big(\langle \psi_1 | - \langle \psi_2 | \Big) \Big(|\psi_1\rangle - |\psi_2\rangle \Big) = 0 \tag{3.46}$$

が導かれる．内積の正定値性 (2.12) より $|\psi_1\rangle - |\psi_2\rangle = 0$ すなわち $|\psi_1\rangle = |\psi_2\rangle$ が従う．同様に，ヒルベルト空間 $\mathscr{H}$ 上の 2 つの演算子 $\hat{A}_1, \hat{A}_2$ が

$$\forall |\chi\rangle, \forall |\psi\rangle \in \mathscr{H}, \quad \langle \chi | \hat{A}_1 | \psi \rangle = \langle \chi | \hat{A}_2 | \psi \rangle \tag{3.47}$$

を満たすならば $\hat{A}_1 = \hat{A}_2$ であることも容易に証明できる．

エルミート共役の性質として

$$(\hat{A} + \hat{B})^{\dagger} = \hat{A}^{\dagger} + \hat{B}^{\dagger}, \tag{3.48}$$

$$(c\hat{A})^{\dagger} = c^* \hat{A}^{\dagger}, \tag{3.49}$$

$$(\hat{A}\hat{B})^{\dagger} = \hat{B}^{\dagger} \hat{A}^{\dagger}, \tag{3.50}$$

$$[\hat{A}, \hat{B}]^{\dagger} = -[\hat{A}^{\dagger}, \hat{B}^{\dagger}], \tag{3.51}$$

$$(\hat{A}^{\dagger})^{\dagger} = \hat{A} \tag{3.52}$$

が成り立つ. どれも証明は難しくない. (3.50) だけ証明すると, (3.34) により

$$\langle\chi|(\hat{A}\hat{B})^\dagger\psi\rangle = \langle(\hat{A}\hat{B})\chi|\psi\rangle = \langle\hat{A}(\hat{B}\chi)|\psi\rangle = \langle\hat{B}\chi|\hat{A}^\dagger\psi\rangle = \langle\chi|\hat{B}^\dagger\hat{A}^\dagger\psi\rangle \qquad (3.53)$$

が任意のベクトル $|\chi\rangle$, $|\psi\rangle$ について成り立つので, (3.47) と同様の条件が成り立ち, $(\hat{A}\hat{B})^\dagger = \hat{B}^\dagger\hat{A}^\dagger$ が言える.

3-3 　自己共役演算子

一般には $\hat{A}^\dagger$ は $\hat{A}$ と一致しないが, もしも $\hat{A}^\dagger = \hat{A}$ となっていれば, 演算子 $\hat{A}$ を**自己共役演算子** (self-adjoint operator) あるいは**エルミート演算子** (Hermitian operator, Hermitian) という. また, $\hat{A}^\dagger = -\hat{A}$ を満たすような演算子 $\hat{A}$ を**反自己共役演算子** (anti-self-adjoint operator) あるいは**反エルミート演算子** (anti-Hermitian operator) という.

運動量演算子 $\hat{P}$ は $\hat{P}^\dagger = \hat{P}$ を満たすことを示そう. 運動量演算子の定義式 (3.23) と波動関数の内積の定義式 (2.50) より, 任意の波動関数 $\psi_1(x)$, $\psi_2(x)$ に対して

$$\langle\psi_1|\hat{P}|\psi_2\rangle = -i\hbar\int_{-\infty}^{\infty}\psi_1(x)^*\frac{\partial\psi_2(x)}{\partial x}\,dx \qquad (3.54)$$

が成り立つ. この式の両辺の複素共役を作ると,

$$\begin{aligned}
\langle\psi_1|\hat{P}|\psi_2\rangle^* &= \left(-i\hbar\int_{-\infty}^{\infty}\psi_1(x)^*\frac{\partial\psi_2(x)}{\partial x}\,dx\right)^* \\
&= +i\hbar\int_{-\infty}^{\infty}\psi_1(x)\frac{\partial\psi_2(x)^*}{\partial x}\,dx \\
&= i\hbar\Big[\psi_1(x)\,\psi_2(x)^*\Big]_{-\infty}^{\infty} - i\hbar\int_{-\infty}^{\infty}\frac{\partial\psi_1(x)}{\partial x}\psi_2(x)^*\,dx \\
&= 0 - i\hbar\int_{-\infty}^{\infty}\psi_2(x)^*\frac{\partial\psi_1(x)}{\partial x}\,dx \\
&= \langle\psi_2|\hat{P}|\psi_1\rangle \qquad (3.55)
\end{aligned}$$

が成り立つ. ただし, 2 行目から 3 行目に移るときに部分積分を行った. また, 3 行目から 4 行目に移るときに, $L^2(\mathbb{R})$ の元になる波動関数は $x \to \pm\infty$ の極限で $\psi(x) \to 0$ になることを使った. エルミート共役の定義式 (3.35) は

$$\langle\psi_1|\hat{P}|\psi_2\rangle^* = \langle\psi_2|\hat{P}^\dagger|\psi_1\rangle \tag{3.56}$$

であり, 任意の波動関数 ψ_1, ψ_2 について上の 2 つの式 (3.55), (3.56) は等しいので, $\hat{P} = \hat{P}^\dagger$ が結論される. つまり運動量演算子は自己共役である.

3-4　演算子の固有値

　感覚的に言うと, ベクトル $|\psi\rangle$ に演算子 $\hat{A}$ を作用させてできるベクトル $\hat{A}|\psi\rangle$ は, たいていの場合, 元のベクトル $|\psi\rangle$ とは向きも大きさも異なる. しかし中には, ベクトル $\hat{A}|v\rangle$ と元のベクトル $|v\rangle$ とが同じ向きを向いているケースもある. つまり, $\hat{A}|v\rangle$ が $|v\rangle$ と同じ向きで長さだけ λ 倍になっていて, $\hat{A}|v\rangle = \lambda|v\rangle$ となるような複素数 λ が存在するケースがある. もともと $\hat{A}$ は次元の大きなヒルベルト空間上の線形演算子なのだが, $\hat{A}|v\rangle = \lambda|v\rangle$ となっていれば, $\hat{A}$ はインプットされた変数 x を λ 倍するだけの 1 次元の比例関数 $y = \lambda x$ と大差なく, 演算子 $\hat{A}$ の働きは理解しやすい. このように演算子 $\hat{A}$ を比例関数に分ける方法が, 以下に説明する固有値問題でありスペクトル分解である.

　一般に, 演算子 $\hat{A}$ に対して

$$\hat{A}|v\rangle = \lambda|v\rangle \tag{3.57}$$

を満たすようなベクトル $|v\rangle \in \mathscr{H}$ (ただし $|v\rangle \neq 0$) と複素数 $\lambda \in \mathbb{C}$ があった場合, λ を演算子 $\hat{A}$ の**固有値** (eigenvalue) といい, $|v\rangle$ を固有値 λ に属する**固有ベクトル** (eigenvector) という. 与えられた演算子の固有値と固有ベクトルをすべて求めることを**固有値問題を解く**という. また, 一つの演算子の固有値全部の集合を**スペクトル** (spectrum) という. $\hat{A}|v\rangle = \lambda|v\rangle$ が成り立っていれば, 両辺に任意の複素数 c を掛けた $\hat{A}(c|v\rangle) = \lambda(c|v\rangle)$ も成り立つので, 一つ固有ベクト

ル $|v\rangle$ が見つかれば，それをスカラー倍した $c|v\rangle$ も同じ固有値に属する固有ベクトルである．物理としては固有ベクトルを使って確率解釈したいので，状態 $|v\rangle$ から状態 $|v\rangle$ 自体を見出す確率は 1 であってほしく，$\langle v|v\rangle = 1$ となるように固有ベクトルを規格化することが多い．

固有値問題は以下のような手順で解かれる．方程式 (3.57) で $|v\rangle = 0$ （ヌルベクトル）としてしまうと，(3.57) の両辺ともヌルベクトルになり，λ がいくらであっても (3.57) の等号は必ず成立する．それだと当たり前すぎるので，固有ベクトルを求めよと言われたらヌルではないベクトル $|v\rangle$ を求める．恒等演算子 $\hat{I}$ を用いて方程式 (3.57) を

$$\lambda \hat{I} |v\rangle = \hat{A} |v\rangle$$
$$(\lambda \hat{I} - \hat{A}) |v\rangle = 0 \tag{3.58}$$

と書き換える．もしも $(\lambda \hat{I} - \hat{A})$ の逆演算子 $(\lambda \hat{I} - \hat{A})^{-1}$ があれば，それを (3.58) の両辺に左から掛けることにより

$$(\lambda \hat{I} - \hat{A})^{-1}(\lambda \hat{I} - \hat{A}) |v\rangle = (\lambda \hat{I} - \hat{A})^{-1} 0 = 0 \tag{3.59}$$

となり，左辺は $\hat{I} |v\rangle = |v\rangle$ となるので，$|v\rangle = 0$ （ヌルベクトル）が導かれてしまう．つまり，$(\lambda \hat{I} - \hat{A})^{-1}$ があるなら，(3.57) を満たすベクトル $|v\rangle$ はヌルベクトルである．対偶により，(3.57) を満たすヌルではないベクトル $|v\rangle$ が存在するなら，$(\lambda \hat{I} - \hat{A})^{-1}$ は存在しない．有限次元のヒルベルト空間上では，**行列式** (determinant) がゼロでないことが逆演算子が存在するための必要十分条件である．従って，(3.57) を満たすヌルではないベクトル $|v\rangle$ が存在するためには

$$\det (\lambda \hat{I} - \hat{A}) = 0 \tag{3.60}$$

であることが必要十分である．$\hat{A}$ が n 次の正方行列なら (3.60) の左辺は λ についての n 次の多項式になる．これを $\hat{A}$ に対する**特性多項式** (characteristic polynomial) という．(3.60) は λ についての n 次方程式になり，実質的に人間の手計算で解けるのは $n = 2, 3$ くらいである．(3.60) にあてはまる λ が求められ

れば，それが $\hat{A}$ の固有値である．たいていは固有値は複数個あり，各固有値に対して (3.58) にあてはまる固有ベクトルを求める．

　念のために書いておくが，2 次正方行列

$$\hat{A} = \begin{pmatrix} A_{11} & A_{12} \\ A_{21} & A_{22} \end{pmatrix} \tag{3.61}$$

の行列式は

$$\det \hat{A} = A_{11}A_{22} - A_{12}A_{21} \tag{3.62}$$

であり，3 次正方行列

$$\hat{A} = \begin{pmatrix} A_{11} & A_{12} & A_{13} \\ A_{21} & A_{22} & A_{23} \\ A_{31} & A_{32} & A_{33} \end{pmatrix} \tag{3.63}$$

の行列式は

$$\det \hat{A} = A_{11}A_{22}A_{33} + A_{12}A_{23}A_{31} + A_{13}A_{21}A_{32}$$
$$- A_{12}A_{21}A_{33} - A_{13}A_{22}A_{31} - A_{11}A_{23}A_{32} \tag{3.64}$$

である．一般の正方行列の行列式の定義は線形代数の本を参照してほしい．

【補足】ただし，以上のような解き方は有限次元のヒルベルト空間上の固有値問題に対してのみ通用する．無限次元のヒルベルト空間に対しては，たいていの演算子の行列式が定義できないし，無限次数の特性方程式が出ても解けない．無限次元ヒルベルト空間上の演算子の固有値問題を解きたいときは，特性方程式とはまったく別のテクニックを使うか（本書では 10-4 節で無限次元の固有値問題を解く），無限次元ヒルベルト空間上の演算子を有限次元ヒルベルト空間上の演算子で近似するかどちらかである．

　例題を挙げて固有値問題の解法を実演しよう．まず与えられた行列

$$\hat{A} = \begin{pmatrix} 3 & -1 \\ 2 & 6 \end{pmatrix} \tag{3.65}$$

が自己共役か否か判定する．$\hat{A}$ のエルミート共役

$$\hat{A}^\dagger = \begin{pmatrix} 3 & 2 \\ -1 & 6 \end{pmatrix} \tag{3.66}$$

は $\hat{A}$ に等しくないので，$\hat{A}$ は自己共役ではない（次節で自己共役演算子の固有値・固有ベクトルの性質を述べる）．λ を未知変数として

$$\lambda\hat{I} - \hat{A} = \begin{pmatrix} \lambda - 3 & 1 \\ -2 & \lambda - 6 \end{pmatrix} \tag{3.67}$$

という行列を作り，これの行列式がゼロになることを要請して特性方程式を立て，それを解く：

$$\det(\lambda\hat{I} - \hat{A}) = (\lambda - 3)(\lambda - 6) - 1 \cdot (-2) = \lambda^2 - 9\lambda + 18 + 2$$
$$= \lambda^2 - 9\lambda + 20 = (\lambda - 4)(\lambda - 5) = 0. \tag{3.68}$$

この方程式の解 $\lambda = 4, 5$ が $\hat{A}$ の固有値である．固有値 $\lambda_1 = 4$ に属する固有ベクトル $|v_1\rangle$ は $\hat{A}|v_1\rangle = \lambda_1|v_1\rangle$ すなわち $(\lambda_1\hat{I} - \hat{A})|v_1\rangle = 0$ を満たすことが要請される：

$$(\lambda_1\hat{I} - \hat{A})|v_1\rangle = \begin{pmatrix} 4 - 3 & 1 \\ -2 & 4 - 6 \end{pmatrix}|v_1\rangle = \begin{pmatrix} 1 & 1 \\ -2 & -2 \end{pmatrix}|v_1\rangle = \begin{pmatrix} 0 \\ 0 \end{pmatrix}. \tag{3.69}$$

これを満たす $|v_1\rangle$ は

$$|v_1\rangle = c_1 \begin{pmatrix} 1 \\ -1 \end{pmatrix} \tag{3.70}$$

である．ここで c_1 は任意の複素数である．次に，固有値 $\lambda_2 = 5$ に属する固有ベクトル $|v_2\rangle$ は

$$(\lambda_2\hat{I} - \hat{A})|v_2\rangle = \begin{pmatrix} 5 - 3 & 1 \\ -2 & 5 - 6 \end{pmatrix}|v_2\rangle = \begin{pmatrix} 2 & 1 \\ -2 & -1 \end{pmatrix}|v_2\rangle = \begin{pmatrix} 0 \\ 0 \end{pmatrix} \tag{3.71}$$

を満たすべきであり，これにあてはまる $|v_2\rangle$ は

$$|v_2\rangle = c_2 \begin{pmatrix} 1 \\ -2 \end{pmatrix} \tag{3.72}$$

である．ここで c_2 は任意の複素数である．まとめると，(3.65) 式の行列 $\hat{A}$ の固有値・固有ベクトルは

$$\lambda_1 = 4, \qquad |v_1\rangle = c_1 \begin{pmatrix} 1 \\ -1 \end{pmatrix} \tag{3.73}$$

$$\lambda_2 = 5, \qquad |v_2\rangle = c_2 \begin{pmatrix} 1 \\ -2 \end{pmatrix} \tag{3.74}$$

である．念のため，固有ベクトルの内積を求めると

$$\langle v_1|v_1\rangle = |c_1|^2 \{|1|^2 + |-1|^2\} = 2\,|c_1|^2, \tag{3.75}$$

$$\langle v_2|v_2\rangle = |c_2|^2 \{|1|^2 + |-2|^2\} = 5\,|c_2|^2, \tag{3.76}$$

$$\langle v_1|v_2\rangle = c_1^* c_2 \{1^* 1 + (-1)^* (-2)\} = 3\,c_1^* c_2 \tag{3.77}$$

となる．この $\hat{A}$ は自己共役ではなく，異なる固有値に対する固有ベクトル $|v_1\rangle$ と $|v_2\rangle$ は直交しない．固有ベクトルは規格化しておくと便利なので，規格化もやっておこう．$\langle v_1|v_1\rangle = 2\,|c_1|^2 = 1$ となることを要請すると，c_1 は

$$c_1 = \frac{1}{\sqrt{2}}\,e^{i\theta_1} \tag{3.78}$$

である．ただし，θ_1 は任意の実数．規格化された固有ベクトルを一つ求めよと言われたら，例えば $e^{i\theta_1} = 1$ を選んで，

$$|v_1\rangle = \frac{1}{\sqrt{2}} \begin{pmatrix} 1 \\ -1 \end{pmatrix} \tag{3.79}$$

とすればよい．同様に，$\langle v_2|v_2\rangle = 5\,|c_2|^2 = 1$ となることを要請すると，c_2 は，θ_2 を任意の実数として

$$c_2 = \frac{1}{\sqrt{5}}\,e^{i\theta_2} \tag{3.80}$$

であり，規格化された固有ベクトルを一つ求めよと言われたら，例えば $e^{i\theta_2} = 1$

を選んで,

$$|v_2\rangle = \frac{1}{\sqrt{5}} \begin{pmatrix} 1 \\ -2 \end{pmatrix} \tag{3.81}$$

とすればよい. あるいは, $e^{i\theta_2} = -1$ を選んで

$$|v_2\rangle = -\frac{1}{\sqrt{5}} \begin{pmatrix} 1 \\ -2 \end{pmatrix} = \frac{1}{\sqrt{5}} \begin{pmatrix} -1 \\ 2 \end{pmatrix} \tag{3.82}$$

を答えてもよい. $\{|v_1\rangle, |v_2\rangle\}$ は $\mathbb{C}^2$ の基底だが, 互いに直交しないので, CONS ではない.

3-5 自己共役演算子の固有値・固有ベクトル

自己共役演算子には次のような著しい性質がある. **(i)** 自己共役演算子の固有値はすべて実数である. **(ii)** 異なる固有値に属する固有ベクトルは直交する. **(iii)** (離散スペクトルなら) 一次独立な固有ベクトルの集合が $\mathscr{H}$ の基底になる. 逆に, (i), (ii), (iii) の性質を備えた演算子は自己共役演算子になっている.

上に述べた自己共役演算子の性質 (i) を証明しよう. 固有ベクトルの条件式

$$\hat{A}|v\rangle = \lambda|v\rangle \tag{3.83}$$

が成立しているとき, 両辺と $\langle v|$ との内積を作ると

$$\langle v|\hat{A}|v\rangle = \langle v|\lambda v\rangle = \lambda\langle v|v\rangle \tag{3.84}$$

となり, この式の左辺は

$$\langle v|\hat{A}v\rangle = \langle \hat{A}^\dagger v|v\rangle \tag{3.85}$$

にも等しく, いま $\hat{A}$ は自己共役だと仮定しているので $\hat{A}^\dagger = \hat{A}$ であり,

$$\langle \hat{A}^\dagger v|v\rangle = \langle \hat{A}v|v\rangle = \langle \lambda v|v\rangle = \lambda^*\langle v|v\rangle \tag{3.86}$$

となって，(3.84), (3.85), (3.86) はすべて等しいので

$$\lambda \langle v|v \rangle = \lambda^* \langle v|v \rangle \tag{3.87}$$

が言えて，

$$(\lambda - \lambda^*) \langle v|v \rangle = 0 \tag{3.88}$$

が導かれる．固有ベクトル $|v\rangle$ はヌルではないことを要請しているので，$\langle v|v \rangle \neq 0$ であり，ゆえに

$$\lambda - \lambda^* = 0 \tag{3.89}$$

であり，$\lambda^* = \lambda$，すなわち，自己共役演算子の固有値 λ は実数であることが結論される．

次に自己共役演算子の性質 (ii) を証明しよう．(3.83) とは別の固有ベクトルがあれば

$$\hat{A}|v'\rangle = \lambda'|v'\rangle \tag{3.90}$$

が成り立ち，この式の両辺と $\langle v|$ との内積を作ると

$$\langle v|\hat{A}|v'\rangle = \lambda' \langle v|v'\rangle \tag{3.91}$$

を得るが，この式の左辺は

$$\langle v|\hat{A}v'\rangle = \langle \hat{A}^\dagger v|v'\rangle = \langle \hat{A}v|v'\rangle = \langle \lambda v|v'\rangle = \lambda^* \langle v|v'\rangle = \lambda \langle v|v'\rangle \tag{3.92}$$

に等しい．いま，$\hat{A}^\dagger = \hat{A}$ と $\lambda^* = \lambda$ であることを使った．(3.91) と (3.92) は等しいので

$$\lambda' \langle v|v'\rangle = \lambda \langle v|v'\rangle \tag{3.93}$$

が言えて，

$$(\lambda' - \lambda) \langle v|v'\rangle = 0 \tag{3.94}$$

が導かれる．もしも 2 つの固有値が異なれば $\lambda' - \lambda \neq 0$ であり，ゆえに

$$\langle v|v' \rangle = 0 \tag{3.95}$$

となる．すなわち，自己共役演算子の異なる固有値に属する固有ベクトルは直交することが結論された．

【補足】自己共役演算子の性質 (iii) の証明はここでは省略する．有限次元のヒルベルト空間に対する証明は，たいていの線形代数の教科書に載っている．無限次元のヒルベルト空間に対する (iii) の証明は難しく，フォン・ノイマンが最初に証明した．

3-6　固有値が縮退している場合

演算子 $\hat{A}$ の固有値 λ に属する固有ベクトルとは，$\hat{A}|v\rangle = \lambda|v\rangle$ を満たすベクトル $|v\rangle$ のことだが，同一の固有値 λ に属する一次独立な固有ベクトルが $\{|v_\lambda^{(1)}\rangle, \cdots, |v_\lambda^{(k)}\rangle\}$ のように複数個あることもある．つまり固有ベクトルに添えた番号 $s = 1, 2, \cdots, k$ が異なっていても

$$\hat{A}|v_\lambda^{(s)}\rangle = \lambda|v_\lambda^{(s)}\rangle \tag{3.96}$$

のように固有値は共通している場合がある．こういうとき，

$$\langle v_\lambda^{(r)}|v_\lambda^{(s)}\rangle = \delta_{rs} \qquad (r, s = 1, 2, \cdots, k) \tag{3.97}$$

となるように固有ベクトルを選ぶことができる．一つの固有値 λ に属する一次独立な固有ベクトルが k 個あり，$k+1$ 個はない場合，固有値 λ は k 重に**縮退** (degenerate) または**縮重**しているという．k を固有値 λ の**縮重度** (degree of degeneracy) という．また，$c_\lambda^{(r)}$ を任意の複素数として

$$|\psi_\lambda\rangle = \sum_{r=1}^{k} c_\lambda^{(r)} |v_\lambda^{(r)}\rangle \tag{3.98}$$

とおくと $c_\lambda^{(r)}$ がいくらであっても $\hat{A}|\psi_\lambda\rangle = \lambda|\psi_\lambda\rangle$ が成り立つ．(3.98) のようなベクトル $|\psi_\lambda\rangle$ 全体の集合を $\hat{A}$ の固有値 λ に属する**固有ベクトル空間** (eigenvector space) という．

「縮退」という言い方は，一次独立な $|v\rangle$ と $|v'\rangle$ について $\hat{A}|v\rangle = \lambda|v\rangle$ と $\hat{A}|v'\rangle = \lambda'|v'\rangle$ に現れる固有値 λ と λ' は異なるのが一般的なのに，たまたま λ と λ' が同じ値に重なって「つぶれている」というイメージから来ている．

前節の (iii) で述べたように，自己共役演算子の一次独立な固有ベクトルを集めたものはヒルベルト空間の基底をなす．(3.94) のように異なる固有値に属する固有ベクトルは必ず直交するし，(3.97) のように縮退した固有値に属する固有ベクトルは互いに直交するように選べるし，ベクトルは必ず規格化できるので，自己共役演算子の一次独立な固有ベクトルを集めて CONS を作ることができる．つまり，任意のベクトル $|\psi\rangle \in \mathscr{H}$ に対して

$$|\psi\rangle = \sum_\lambda \sum_{r=1}^{k} c_\lambda^{(r)} |v_\lambda^{(r)}\rangle \tag{3.99}$$

となるような複素数 $c_\lambda^{(r)}$ が一意的に存在する．ただし $\sum_\lambda$ は，$\hat{A}$ のすべての固有値 λ にわたる和である．$\sum_{r=1}^{k}$ は固有値 λ に属して縮退している固有ベクトルについての和である．縮重度 k は λ に依存する（なので k は本当は k_λ と書いた方がよいのだが，添字が煩雑になるのでたんに k と書く）．CONS による展開係数は (2.67) と同様に

$$c_\lambda^{(r)} = \langle v_\lambda^{(r)}|\psi\rangle \tag{3.100}$$

で求められる．

例として行列

$$\hat{A} = \begin{pmatrix} 3 & -1 & -1 \\ -1 & 3 & -1 \\ -1 & -1 & 3 \end{pmatrix} \tag{3.101}$$

の固有値と規格化された固有ベクトルを求めてみよう．$\hat{A}^\dagger = \hat{A}$ になることが確かめられるので，$\hat{A}$ は自己共役である．λ を未知変数として

$$\lambda \hat{I} - \hat{A} = \begin{pmatrix} \lambda - 3 & 1 & 1 \\ 1 & \lambda - 3 & 1 \\ 1 & 1 & \lambda - 3 \end{pmatrix} \tag{3.102}$$

という行列を作り，これの行列式がゼロになることを要請して特性方程式を立て，それを解く：

$$\begin{aligned} \det(\lambda \hat{I} - \hat{A}) &= (\lambda - 3)^3 + 2 - 3(\lambda - 3) \\ &= \lambda^3 - 9\lambda^2 + 27\lambda - 27 + 2 - 3\lambda + 9 \\ &= \lambda^3 - 9\lambda^2 + 24\lambda - 16 \\ &= (\lambda - 1)(\lambda^2 - 8\lambda + 16) = (\lambda - 1)(\lambda - 4)^2 = 0. \end{aligned} \tag{3.103}$$

この方程式の解 $\lambda = 4, 1$ が $\hat{A}$ の固有値である．

　固有値 $\lambda_1 = 4$ は重根であり，2 重縮退している．従って固有値 $\lambda_1 = 4$ に属する一次独立な固有ベクトルは 2 つある．方程式 $(\lambda_1 \hat{I} - \hat{A})|v_1\rangle = 0$ は

$$(\lambda_1 \hat{I} - \hat{A})|v_1\rangle = \begin{pmatrix} 1 & 1 & 1 \\ 1 & 1 & 1 \\ 1 & 1 & 1 \end{pmatrix} \begin{pmatrix} x \\ y \\ z \end{pmatrix} = \begin{pmatrix} 0 \\ 0 \\ 0 \end{pmatrix} \tag{3.104}$$

となり，$x + y + z = 0$ となるので，x, y を任意の変数として $z = -(x + y)$ が解になる．従って上式を満たす $|v_1\rangle$ は

$$\begin{aligned} |v_1\rangle &= \begin{pmatrix} x \\ y \\ -(x+y) \end{pmatrix} = x \begin{pmatrix} 1 \\ 0 \\ -1 \end{pmatrix} + y \begin{pmatrix} 0 \\ 1 \\ -1 \end{pmatrix} \\ &= \frac{1}{2}(x - y) \begin{pmatrix} 1 \\ -1 \\ 0 \end{pmatrix} + \frac{1}{2}(x + y) \begin{pmatrix} 1 \\ 1 \\ -2 \end{pmatrix} \end{aligned} \tag{3.105}$$

と書けて，直交するように基底を選び，規格化して

$$|v_1\rangle = c_1^{(1)} \frac{1}{\sqrt{2}} \begin{pmatrix} 1 \\ -1 \\ 0 \end{pmatrix} + c_1^{(2)} \frac{1}{\sqrt{6}} \begin{pmatrix} 1 \\ 1 \\ -2 \end{pmatrix} \tag{3.106}$$

と書いてもよい．ここで $c_1^{(1)}, c_1^{(2)}$ は任意の複素数である．固有値 $\lambda_1 = 4$ に属する固有ベクトル空間は 2 次元である．

次に，固有値 $\lambda_2 = 1$ に属する固有ベクトル $|v_2\rangle$ は

$$(\lambda_2 \hat{I} - \hat{A})|v_2\rangle = \begin{pmatrix} -2 & 1 & 1 \\ 1 & -2 & 1 \\ 1 & 1 & -2 \end{pmatrix} \begin{pmatrix} x \\ y \\ z \end{pmatrix} = \begin{pmatrix} 0 \\ 0 \\ 0 \end{pmatrix} \tag{3.107}$$

を満たす．これより $x = y = z$ であることが導かれ，$|v_2\rangle$ は

$$|v_2\rangle = c_2 \frac{1}{\sqrt{3}} \begin{pmatrix} 1 \\ 1 \\ 1 \end{pmatrix} \tag{3.108}$$

である．ここで c_2 は任意の複素数である．まとめると，(3.101) 式の行列 $\hat{A}$ の固有値と規格直交化された固有ベクトルは

$$\lambda_1 = 4 \,(2\,\text{重縮退}), \quad |v_1^{(1)}\rangle = \frac{1}{\sqrt{2}} \begin{pmatrix} 1 \\ -1 \\ 0 \end{pmatrix}, \quad |v_1^{(2)}\rangle = \frac{1}{\sqrt{6}} \begin{pmatrix} 1 \\ 1 \\ -2 \end{pmatrix} \tag{3.109}$$

$$\lambda_2 = 1, \quad |v_2\rangle = \frac{1}{\sqrt{3}} \begin{pmatrix} 1 \\ 1 \\ 1 \end{pmatrix} \tag{3.110}$$

である．

3-7　固有値と測定値の関係

3-5 節で述べた自己共役演算子の性質は純粋に数学的な事実だが，量子力学で

はさらに次のような解釈を付け加える.

　量子力学では，物理量は自己共役演算子で表されることになっている．自己共役演算子 $\hat{A}$ で表されている物理量が取り得る値（測定値）は，$\hat{A}$ の固有値のどれかである．さらに，系の状態が単位ベクトル $|\psi\rangle \in \mathscr{H}$ で表されていれば，物理量 $\hat{A}$ を測ったときに測定値として固有値 λ を得る確率は

$$\mathbb{P}(\hat{A} = \lambda | \psi) = \sum_{r=1}^{k} \left| \langle v_{\lambda}^{(r)} | \psi \rangle \right|^2 \tag{3.111}$$

に等しい．この式も**ボルンの確率公式**という．ここで $\{|v_{\lambda}^{(1)}\rangle, \cdots, |v_{\lambda}^{(k)}\rangle\}$ は (3.96)，(3.97) 式のところで述べた，演算子 $\hat{A}$ の固有値 λ に属する規格化された直交固有ベクトルの組である．従って，**系の状態ベクトルが $\hat{A}$ の固有値 λ に属する固有ベクトルであれば，$\hat{A}$ を測ったときに 100 パーセント確実に測定値 λ を得る．しかし，系の状態ベクトルが固有ベクトルではない場合は，同じ状態ベクトルの系を多数用意して物理量 $\hat{A}$ を測ると，$\hat{A}$ の固有値のいずれかが測定値として得られるが，測定値は一定ではなく，(3.111) 式で与えられる確率に従う頻度で測定値 λ が現れる．**

> 【補足】$\hat{A}$ は演算子であり，λ は数なので，(3.111) の中に現れた「$\hat{A} = \lambda$」という等式は左辺と右辺がちぐはぐな式である．「$\hat{A}$ を測って λ という値を得る」という意味なので，「$\hat{A} \to \lambda$」と書いた方がよいかもしれない．

　なお，a という数値が $\hat{A}$ の固有値でなかったら，どのような状態においても $\hat{A}$ の測定値として a という数値が出て来る確率はゼロである．3-5 節で自己共役演算子の性質 (iii) として述べたように，自己共役演算子の固有ベクトルの集合はヒルベルト空間の CONS になる．ゆえに固有ベクトルのどれかに遷移する確率の総和は (2.71) のとおり 1 になり，固有ベクトル以外の何かに遷移する確率はゼロであり，確率解釈はつじつまが合っている．

　N 個の系を用意して，すべて同じ状態 $|\psi\rangle$ にセットしたとする．N 個の系に対して物理量 $\hat{A}$ の測定を行い，λ という測定値が N_{λ} 回得られたとする．このとき，測定値の**平均値** (average) は

$$\langle \hat{A} \rangle_N := \frac{\sum_\lambda \lambda \cdot N_\lambda}{N} = \sum_\lambda \lambda \cdot \frac{N_\lambda}{N} \tag{3.112}$$

で定義される．測定値 λ が得られる相対頻度

$$p_\lambda := \lim_{N \to \infty} \frac{N_\lambda}{N} \tag{3.113}$$

は $\hat{A}$ の測定値として λ が出現する確率でもあり，$N \to \infty$ の極限で平均値は

$$\mathbb{AV}[\hat{A}] = \sum_\lambda \lambda \cdot p_\lambda \tag{3.114}$$

となる．一方で，

$$\mathbb{E}[\hat{A}] := \langle \psi | \hat{A} | \psi \rangle \tag{3.115}$$

を状態 $|\psi\rangle$ における物理量 $\hat{A}$ の**期待値** (expectation value) という．(3.114) で定義される平均値と (3.115) で定義される期待値は一致することを示そう．定義式 (3.115) と展開式 (3.99)，固有ベクトルの定義式 (3.96)，展開係数を与える式 (3.100)，ボルンの確率公式 (3.111)，$\mathbb{P}(\hat{A} = \lambda | \psi) = \sum_{r=1}^{k} |\langle v_\lambda^{(r)} | \psi \rangle|^2 = p_\lambda$ より

$$\mathbb{E}[\hat{A}] = \langle \psi | \hat{A} | \psi \rangle = \langle \psi | \hat{A} \sum_\lambda \sum_{r=1}^{k} c_\lambda^{(r)} | v_\lambda^{(r)} \rangle = \langle \psi | \sum_\lambda \sum_{r=1}^{k} c_\lambda^{(r)} \hat{A} | v_\lambda^{(r)} \rangle$$

$$= \langle \psi | \sum_\lambda \sum_{r=1}^{k} c_\lambda^{(r)} \lambda | v_\lambda^{(r)} \rangle = \sum_\lambda \sum_{r=1}^{k} c_\lambda^{(r)} \lambda \langle \psi | v_\lambda^{(r)} \rangle = \sum_\lambda \sum_{r=1}^{k} \lambda c_\lambda^{(r)} c_\lambda^{(r)*}$$

$$= \sum_\lambda \lambda \sum_{r=1}^{k} \left| c_\lambda^{(r)} \right|^2 = \sum_\lambda \lambda \cdot p_\lambda = \mathbb{AV}[\hat{A}] \tag{3.116}$$

が導かれる．各等号でどのような式変形をしているか吟味してほしい．

3-8　射影演算子とスペクトル分解

　ヒルベルト空間 $\mathscr{H}$ 上の演算子 $\hat{\Pi} : \mathscr{H} \to \mathscr{H}$ が（Π はギリシャ文字の大文字のパイ）

$$\hat{\Pi}^\dagger = \hat{\Pi}, \qquad \hat{\Pi}\hat{\Pi} = \hat{\Pi} \tag{3.117}$$

を満たすならば，$\hat{\Pi}$ を**射影演算子** (projection operator) という．射影演算子は自己共役演算子であり，その固有値 λ は $\lambda^2 = \lambda$ を満たすので，固有値は 1 または 0 に限られる．(2.27) を

$$|\xi\rangle = \hat{\Pi}_\chi |\psi\rangle = \frac{|\chi\rangle\langle\chi|\psi\rangle}{\langle\chi|\chi\rangle}, \qquad \hat{\Pi}_\chi := \frac{|\chi\rangle\langle\chi|}{\langle\chi|\chi\rangle} \tag{3.118}$$

と書くと，$\hat{\Pi}_\chi$ は条件 (3.117) を満たす射影演算子になっている．また，(2.72) を

$$|\xi\rangle = \hat{\Pi}_S |\psi\rangle = \sum_{r=1}^k |\chi_r\rangle\langle\chi_r|\psi\rangle, \qquad \hat{\Pi}_S := \sum_{r=1}^k |\chi_r\rangle\langle\chi_r| \tag{3.119}$$

と書くと，$\hat{\Pi}_S$ も射影演算子になっている．

　自己共役演算子 $\hat{A}$ の固有ベクトルを規格直交化したものたち $\{|v_\lambda^{(r)}\rangle\}$ は CONS になるので，任意のベクトル $|\psi\rangle \in \mathscr{H}$ は (3.99) のとおり

$$|\psi\rangle = \sum_\lambda \sum_{r=1}^k c_\lambda^{(r)} |v_\lambda^{(r)}\rangle = \sum_\lambda \sum_{r=1}^k |v_\lambda^{(r)}\rangle\langle v_\lambda^{(r)}|\psi\rangle \tag{3.120}$$

と書けて，これに $\hat{A}$ を作用させたものは

$$\hat{A}|\psi\rangle = \sum_\lambda \sum_{r=1}^k \lambda |v_\lambda^{(r)}\rangle\langle v_\lambda^{(r)}|\psi\rangle \tag{3.121}$$

となるが，ここで

$$\hat{\Pi}_\lambda := \sum_{r=1}^k |v_\lambda^{(r)}\rangle\langle v_\lambda^{(r)}| \tag{3.122}$$

とおくと，これもまた射影演算子であり，

$$\hat{A} = \sum_\lambda \lambda \hat{\Pi}_\lambda \tag{3.123}$$

が成り立つ．この式を演算子 $\hat{A}$ の**スペクトル分解** (spectral decomposition) という．$\hat{A}$ の測定値として固有値 λ を得る確率 (3.111) は

$$\mathbb{P}(\hat{A} = \lambda | \psi) = \sum_{r=1}^{k} \langle \psi | v_\lambda^{(r)} \rangle \langle v_\lambda^{(r)} | \psi \rangle = \langle \psi | \hat{\Pi}_\lambda | \psi \rangle \tag{3.124}$$

に等しく，(3.123) を $\langle \psi |$ と $| \psi \rangle$ で挟めば

$$\langle \psi | \hat{A} | \psi \rangle = \sum_\lambda \lambda \cdot \langle \psi | \hat{\Pi}_\lambda | \psi \rangle = \sum_\lambda \lambda \cdot \mathbb{P}(\hat{A} = \lambda | \psi) \tag{3.125}$$

となって (3.115) が $\hat{A}$ の期待値（平均値）であるという解釈と整合している．

問 3-1. $\hat{A}^\dagger = \hat{A}$ ならば $\langle \psi | \hat{A} | \psi \rangle$ は実数になることを証明せよ．

問 3-2. $\hat{A}^\dagger = -\hat{A}$ ならば $\langle \psi | \hat{A} | \psi \rangle$ は純虚数になることを証明せよ．

問 3-3. プランク定数の単位は

$$\mathrm{J \cdot s = kg \cdot m^2 \cdot s^{-1}} \tag{3.126}$$

と一致することを示せ．また，プランク定数の次元は（運動量×長さ）の次元と一致することを確認せよ．

問 3-4. プランク定数の値は

$$h = (6.6260755 \pm 0.0000040) \times 10^{-34}\,\mathrm{J \cdot s}\ (1994\ \text{年理科年表})$$
$$h = (6.62606957 \pm 0.00000029) \times 10^{-34}\,\mathrm{J \cdot s}\ (2014\ \text{年理科年表})$$
$$h = 6.62607015 \times 10^{-34}\,\mathrm{J \cdot s}\ (2019\ \text{年以降，正確にこの値})$$

などと変遷している．$\pm$ で記してあるのは標準誤差である．なぜプランク定数の値が変化したのか？　何を基準にしてプランク定数の値を決めていたのか？　どうして 2019 年以降はプランク定数の誤差はなくなったのか？

問 3-5. 行列

$$\hat{B} = \begin{pmatrix} 3 & 1 \\ 0 & 3 \end{pmatrix} \tag{3.127}$$

は自己共役ではないことを確かめよ．$\hat{B}$ の固有値と固有ベクトルをすべて求めよ．この行列に関しては一次独立な固有ベクトルの集合が CONS にならないことを確かめよ．

第4講

行列表示とユニタリ変換と対角化

本講では，抽象的なベクトルや演算子を具体的な数値データ列である数ベクトルや行列で表示する方法を解説する．抽象的な形のまま分析した方が見通しがよい問題もあるし，具体的な形があると計算が進む問題もあるので，抽象と具象の行き来ができるのはよいことである．具体化のために完全正規直交系 (CONS) を使うのだが，CONS はただ一通りではなく，たくさんあり，選んだ CONS によってベクトルや演算子の具体的表示は異なる．CONS の選び換えに伴う具体表示の変換規則がユニタリ変換である．

4-1　抽象ベクトルの数ベクトル表示

2-8 節で基底，とくに完全正規直交系 (CONS) の概念を導入した．CONS とは，ベクトルの集合 $\{|\chi_1\rangle, |\chi_2\rangle, \cdots\}$ であり，規格直交条件

$$\langle \chi_r | \chi_s \rangle = \delta_{rs} = \begin{cases} 1 & (r = s) \\ 0 & (r \neq s) \end{cases} \tag{4.1}$$

を満たし，任意のベクトル $|\psi\rangle$ に対して $|\psi\rangle = \sum_r c_r |\chi_r\rangle$ となるような複素数 $c_1, c_2, \cdots$ が一意的に存在するものである．(2.67) で示したように，展開係数は $c_r = \langle \chi_r | \psi \rangle$ で決まり，$|\psi\rangle$ の展開式は

$$|\psi\rangle = \sum_r c_r |\chi_r\rangle = \sum_r |\chi_r\rangle c_r = \sum_r |\chi_r\rangle\langle\chi_r|\psi\rangle = \left(\sum_r |\chi_r\rangle\langle\chi_r|\right)|\psi\rangle \tag{4.2}$$

とも書けた．このことを形式的に

$$\sum_r |\chi_r\rangle\langle\chi_r| = \hat{I} \tag{4.3}$$

と書いてもよかった. 添字 $r = 1, 2, \cdots, n$ で示される CONS ベクトルの個数 n はヒルベルト空間 $\mathscr{H}$ の次元 $\dim\mathscr{H}$ と等しい. 次元 n は無限大かもしれない.

一般に, 一つのヒルベルト空間に CONS は無数にある. それでも一組の CONS $\{|\chi_1\rangle, |\chi_2\rangle, \cdots\}$ を選べば, $|\psi\rangle = \sum_r c_r|\chi_r\rangle$ により, 抽象的なベクトル $|\psi\rangle$ に対して複素数の組 $(c_1, c_2, \cdots)$ が定まるし, 逆に任意の複素数の組 $(c_1, c_2, \cdots)$ が与えられればベクトル $|\psi\rangle$ が定まる. $|\psi\rangle$ の展開式を

$$|\psi\rangle = |\chi_1\rangle c_1 + |\chi_2\rangle c_2 + \cdots = \big(|\chi_1\rangle, |\chi_2\rangle, \cdots\big)\begin{pmatrix} c_1 \\ c_2 \\ \vdots \end{pmatrix} \tag{4.4}$$

のように書く流儀もあり, どういう CONS を使っているかわかっているときは CONS を書くのを省略して

$$|\psi\rangle \doteq \begin{pmatrix} c_1 \\ c_2 \\ \vdots \end{pmatrix} \tag{4.5}$$

と書いてもよい. この式の右辺を $|\psi\rangle$ の表示ベクトルという. **CONS が定まっていると, 抽象ベクトルと数ベクトルとの対応が定まる.** ドット付きのイコール $\doteq$ は「CONS を指定した上で対応がついている」という意味である.

ベクトル $|\psi\rangle = \sum_s c_s|\chi_s\rangle$ と, もう一つのベクトル $|\theta\rangle = \sum_r d_r|\chi_r\rangle$ が与えられると, それらの内積は

$$\langle\theta|\psi\rangle = \Big(\sum_r \langle d_r\chi_r|\Big)\Big(\sum_s |c_s\chi_s\rangle\Big) = \sum_r\sum_s \langle d_r\chi_r|c_s\chi_s\rangle$$
$$= \sum_r\sum_s d_r^* c_s \langle\chi_r|\chi_s\rangle = \sum_r\sum_s d_r^* c_s \delta_{rs} = \sum_r d_r^* c_r \tag{4.6}$$

となる. つまり, 抽象ベクトルの内積は, (2.37) で定めた数ベクトル同士の内積

$$\langle\theta|\psi\rangle = d_1^* c_1 + d_2^* c_2 + \cdots = (d_1^*, d_2^*, \cdots)\begin{pmatrix} c_1 \\ c_2 \\ \vdots \end{pmatrix} \tag{4.7}$$

に等しい. とくにノルム 2 乗は

$$\left\|\,|\psi\rangle\right\|^2 = \langle\psi|\psi\rangle = \sum_r |c_r|^2 \tag{4.8}$$

となる. つまり, 任意のヒルベルト空間は有限次元なら $\mathbb{C}^n$ と同型であるし, 無限次元なら ℓ^2 空間と同型である.

4-2　抽象演算子の行列表示

演算子というものはヒルベルト空間からヒルベルト空間への線形写像 $\hat{A}: \mathscr{H} \to \mathscr{H}$ である. 恒等演算子 $\hat{I}$ は「掛け算しても相手を変えない」という性質 (3.8) があったので, 掛け算の途中に恒等演算子をいくらでも挿入してよく, (4.3) を繰り返し使うと

$$\begin{aligned} \hat{A}|\psi\rangle &= \hat{I}\hat{A}\hat{I}|\psi\rangle \\ &= \Big(\sum_r |\chi_r\rangle\langle\chi_r|\Big)\hat{A}\Big(\sum_s |\chi_s\rangle\langle\chi_s|\Big)|\psi\rangle \\ &= \sum_r \sum_s |\chi_r\rangle\langle\chi_r|\hat{A}|\chi_s\rangle\langle\chi_s|\psi\rangle \\ &= \sum_r \sum_s |\chi_r\rangle\, A_{rs}\, c_s \end{aligned} \tag{4.9}$$

が導かれる. ここで複素数 A_{rs} を

$$A_{rs} := \langle\chi_r|\hat{A}|\chi_s\rangle \tag{4.10}$$

とおいた. さらに

$$|\theta\rangle = \hat{A}|\psi\rangle = \sum_r |\chi_r\rangle \, d_r \tag{4.11}$$

とおくと，(4.9), (4.11) は同じベクトルを同じ CONS で展開したものだから

$$d_r = \sum_s A_{rs} \, c_s \tag{4.12}$$

すなわち

$$\begin{pmatrix} d_1 \\ d_2 \\ \vdots \end{pmatrix} = \begin{pmatrix} A_{11} & A_{12} & \cdots \\ A_{21} & A_{22} & \cdots \\ \vdots & \vdots & \ddots \end{pmatrix} \begin{pmatrix} c_1 \\ c_2 \\ \vdots \end{pmatrix} \tag{4.13}$$

が成り立つ．つまり，抽象的な演算子が抽象的なベクトルに作用している $|\theta\rangle = \hat{A}|\psi\rangle$ という式は，具体的な行列が具体的な数ベクトルに掛かっている式 (4.13) で表される．

$$\hat{A} \doteq \begin{pmatrix} A_{11} & A_{12} & \cdots \\ A_{21} & A_{22} & \cdots \\ \vdots & \vdots & \ddots \end{pmatrix} \tag{4.14}$$

の右辺を $\hat{A}$ の表示行列という．$A_{rs} = \langle \chi_r | \hat{A} | \chi_s \rangle$ を $\hat{A}$ の r 行 s 列目の**行列成分**（**行列要素とも**）(matrix element) と呼ぶ．また，

$$\hat{A} = \hat{I}\hat{A}\hat{I} = \sum_r \sum_s |\chi_r\rangle \langle \chi_r | \hat{A} | \chi_s \rangle \langle \chi_s | \tag{4.15}$$

と書いてもよい．

　とくに恒等演算子 $\hat{I}$ については，(4.10) と同様に行列成分を計算すると

$$I_{rs} = \langle \chi_r | \hat{I} | \chi_s \rangle = \langle \chi_r | \chi_s \rangle = \delta_{rs} \tag{4.16}$$

となる．いかなる CONS を選んでもこの計算結果はクロネッカーデルタになることに注意してほしい．従って，恒等演算子の表示行列は，すべての対角成分が 1 で，すべての非対角成分が 0 である行列，すなわち単位行列になる：

$$\hat{I} \doteq \begin{pmatrix} 1 & 0 & \cdots \\ 0 & 1 & \cdots \\ \vdots & \vdots & \ddots \end{pmatrix}. \tag{4.17}$$

4-3 ユニタリ変換

CONS というものはただ一つではない．例えば，2 次元のヒルベルト空間 $\mathscr{H} = \mathbb{C}^2$ において任意のベクトルは

$$|\psi\rangle = \begin{pmatrix} c_1 \\ c_2 \end{pmatrix} = c_1 \begin{pmatrix} 1 \\ 0 \end{pmatrix} + c_2 \begin{pmatrix} 0 \\ 1 \end{pmatrix} \tag{4.18}$$

と書けて，

$$|\chi_1\rangle := \begin{pmatrix} 1 \\ 0 \end{pmatrix}, \qquad |\chi_2\rangle := \begin{pmatrix} 0 \\ 1 \end{pmatrix} \tag{4.19}$$

とおけば $\{|\chi_1\rangle, |\chi_2\rangle\}$ は $\mathbb{C}^2$ の CONS であるが，

$$|\chi_1'\rangle := \frac{1}{\sqrt{2}} \begin{pmatrix} 1 \\ 1 \end{pmatrix}, \qquad |\chi_2'\rangle := \frac{1}{\sqrt{2}} \begin{pmatrix} -1 \\ 1 \end{pmatrix} \tag{4.20}$$

とおいた $\{|\chi_1'\rangle, |\chi_2'\rangle\}$ も $\mathbb{C}^2$ の CONS である．さらに

$$|\chi_1''\rangle := \frac{1}{5} \begin{pmatrix} 4 \\ 3i \end{pmatrix}, \qquad |\chi_2''\rangle := \frac{1}{5} \begin{pmatrix} 3i \\ 4 \end{pmatrix} \tag{4.21}$$

で定められる $\{|\chi_1''\rangle, |\chi_2''\rangle\}$ も $\mathbb{C}^2$ の CONS になっていることを確かめてほしい．

一般に，ヒルベルト空間 $\mathscr{H}$ について $\{|\chi_1\rangle, |\chi_2\rangle, \cdots\}$ と $\{|\chi_1'\rangle, |\chi_2'\rangle, \cdots\}$ の 2 通りの CONS があれば，$\sum_r |\chi_r'\rangle\langle\chi_r'| = \hat{I}$ より

$$|\chi_s\rangle = \sum_r |\chi_r'\rangle\langle\chi_r'|\chi_s\rangle = \sum_r |\chi_r'\rangle U_{rs} \tag{4.22}$$

が成り立つ．ただし

$$U_{rs} := \langle \chi'_r | \chi_s \rangle \tag{4.23}$$

とおいた. 2 通りの CONS によって

$$|\psi\rangle = \sum_s |\chi_s\rangle c_s = \sum_r |\chi'_r\rangle c'_r \tag{4.24}$$

のように同一のベクトルに対して 2 通りの展開式を作れるが, (4.22) を入れると

$$\sum_r |\chi'_r\rangle c'_r = \sum_s |\chi_s\rangle c_s = \sum_s \sum_r |\chi'_r\rangle\langle \chi'_r | \chi_s\rangle c_s = \sum_r \sum_s |\chi'_r\rangle U_{rs} c_s \tag{4.25}$$

となり, 一組の CONS による展開係数は一意的なので, 両辺の $|\chi'_r\rangle$ の係数は

$$c'_r = \sum_s U_{rs} c_s \tag{4.26}$$

のように一致する. この式は

$$\begin{pmatrix} c'_1 \\ c'_2 \\ \vdots \end{pmatrix} = \begin{pmatrix} U_{11} & U_{12} & \cdots \\ U_{21} & U_{22} & \cdots \\ \vdots & \vdots & \ddots \end{pmatrix} \begin{pmatrix} c_1 \\ c_2 \\ \vdots \end{pmatrix} \tag{4.27}$$

とも書ける. 複素数 U_{rs} を r 行 s 列目の成分とする行列を U と書く. U は本来の演算子 $\hat{U} : \mathscr{H} \to \mathscr{H}$ というよりは, 表示ベクトルから表示ベクトルへの写像なので, 帽子付きの演算子 $\hat{U}$ ではなく行列 U として表記する.

(4.23) の複素共役を

$$U^*_{rs} = \langle \chi'_r | \chi_s \rangle^* = \langle \chi_s | \chi'_r \rangle =: V_{sr} \tag{4.28}$$

とおくと,

$$\sum_r V_{sr} U_{rq} = \sum_r \langle \chi_s | \chi'_r \rangle\langle \chi'_r | \chi_q \rangle = \langle \chi_s | \chi_q \rangle = \delta_{sq} \tag{4.29}$$

となる. 複素数 V_{rs} を r 行 s 列目の成分とする行列を V と書くと, (4.28) は $U^\dagger = V$ であり, 上の式 (4.29) は $VU = I$（単位行列）を意味している. 同様に $UV = I$ も確かめられる.

$$U^\dagger U = UU^\dagger = I \tag{4.30}$$

を満たす行列 U を**ユニタリ行列** (unitary matrix) という．この式 (4.30) は，行列 U のエルミート共役 $U^\dagger$ が U の逆行列 U^{-1} になっていることを意味している．普通，行列の逆行列を求めるのはたやすいことではなく大変な計算を要するものだが，**ユニタリ行列は，エルミート共役（転置行列の複素共役）が逆行列になっている**という著しい性質がある．(4.22) を CONS の**ユニタリ変換** (unitary transformation) という．

演算子 $\hat{A}$ を CONS$\{|\chi'_r\rangle\}$ を用いて表示したときの行列成分は，(4.10) の代わりに

$$
\begin{aligned}
A'_{rs} &:= \langle\chi'_r|\hat{A}|\chi'_s\rangle \\
&= \sum_p \sum_q \langle\chi'_r|\chi_p\rangle\langle\chi_p|\hat{A}|\chi_q\rangle\langle\chi_q|\chi'_s\rangle \\
&= \sum_p \sum_q U_{rp}\, A_{pq}\, U^*_{sq}
\end{aligned} \tag{4.31}
$$

になる．行列の積を使って書くと，

$$A' = UAU^\dagger \tag{4.32}$$

となる．(4.31) や (4.32) は**表示行列のユニタリ変換**と呼ばれる．

4-4　対角化

3-5 節から 3-6 節にかけて述べたように，自己共役演算子 $\hat{A}$ に対しては (3.96), (3.97), (3.99) が成立するような固有ベクトルを集めて CONS $\{|v^{(s)}_\lambda\rangle\}$ を作ることができる．そうすると，

$$\hat{A}|v^{(s)}_\lambda\rangle = \lambda|v^{(s)}_\lambda\rangle \tag{4.33}$$

なので，

$$\langle v_{\lambda'}^{(r)} | \hat{A} | v_{\lambda}^{(s)} \rangle = \langle v_{\lambda'}^{(r)} | \lambda | v_{\lambda}^{(s)} \rangle = \lambda \langle v_{\lambda'}^{(r)} | v_{\lambda}^{(s)} \rangle = \lambda \, \delta_{\lambda' \lambda} \, \delta_{rs} \tag{4.34}$$

によって (λ', r) を "行番号", (λ, s) を "列番号" とする行列成分を定めると, 行番号と列番号が一致しているときだけ行列成分はゼロでない値を取り得るが, それ以外の行列成分はことごとくゼロになる. そのような行列を**対角行列** (diagonal matrix) という. つまり, 固有ベクトルを CONS に選ぶと, $\hat{A}$ の表示行列は

$$\hat{A} \doteq \begin{pmatrix} \lambda_1 & 0 & 0 & \cdots \\ 0 & \lambda_2 & 0 & \cdots \\ 0 & 0 & \lambda_3 & \ddots \\ \vdots & \vdots & \ddots & \ddots \end{pmatrix} \tag{4.35}$$

のように, 対角成分が固有値で非対角成分は全部ゼロになる.

　以上のように, $\hat{A}$ の固有ベクトルを集めたものが CONS をなしていれば, $\hat{A}$ の表示行列を対角行列にすることができる. そうなっているとき, $\hat{A}$ は**対角化可能** (diagonalizable) であるという. とくに自己共役演算子は対角化可能である.

　一般には, 固有ベクトルを集めたものが CONS にならず, 対角化不可能な演算子もある (もちろんそのような演算子は自己共役ではない. 問 7-9 を参照). また, 2 つの演算子 $\hat{B}, \hat{C}$ が非可換だと, それぞれは対角化可能だとしても両方を同時に対角化するような CONS が存在しない. 同時対角化できない物理量演算子が存在することが量子論の最大の特徴である.

4-5　トレース

　演算子の行列成分 $A_{rs} = \langle \chi_r | \hat{A} | \chi_s \rangle$ の値は明らかに CONS に依存している. ところが, **行列成分を使って計算できる数量であって, その値が CONS の採り方に依存しないものが 2 種類ある.** それがトレースと行列式である. ここではトレースの定義と性質だけを述べる.

　演算子 $\hat{A}$ の表示行列の対角成分の総和

$$\mathrm{Tr}\,\hat{A} := \sum_r \langle \chi_r | \hat{A} | \chi_r \rangle = A_{11} + A_{22} + A_{33} + \cdots \tag{4.36}$$

で定まる複素数 $\mathrm{Tr}\,\hat{A}$ を $\hat{A}$ の**トレース** (trace) あるいは**跡**あるいは**対角和**という.ただし,扱っているヒルベルト空間が無限次元のときは,(4.36) は無限級数になり発散することがある.ヒルベルト空間が有限次元なら (4.36) は有限和であり,必ず有限の値になる.

トレースの性質をいくつか述べよう.**有限次元のヒルベルト空間上の任意の演算子** $\hat{A}, \hat{B}$ について

$$\mathrm{Tr}\left(\hat{A}\hat{B}\right) = \mathrm{Tr}\left(\hat{B}\hat{A}\right) \tag{4.37}$$

が成り立つ.(4.37) を証明しよう.トレースの定義 (4.36) と CONS の性質 (4.3) より

$$
\begin{aligned}
\mathrm{Tr}\left(\hat{A}\hat{B}\right) &= \sum_s \langle \chi_s | \hat{A}\hat{B} | \chi_s \rangle \\
&= \sum_s \sum_r \langle \chi_s | \hat{A} | \chi_r \rangle \langle \chi_r | \hat{B} | \chi_s \rangle \\
&= \sum_r \sum_s \langle \chi_r | \hat{B} | \chi_s \rangle \langle \chi_s | \hat{A} | \chi_r \rangle \\
&= \sum_r \langle \chi_r | \hat{B}\hat{A} | \chi_r \rangle \\
&= \mathrm{Tr}\left(\hat{B}\hat{A}\right)
\end{aligned}
\tag{4.38}
$$

が導かれる.2 行目から 3 行目に移るときに複素数の積は可換であることと,r についての和と s についての和の順序を交換したことに注意してほしい.もっと多くの演算子の積についても,例えば $\hat{B}\hat{C} = \hat{D}$ とおくことにより

$$\mathrm{Tr}\left(\hat{A}\hat{B}\hat{C}\right) = \mathrm{Tr}\left(\hat{A}\hat{D}\right) = \mathrm{Tr}\left(\hat{D}\hat{A}\right) = \mathrm{Tr}\left(\hat{B}\hat{C}\hat{A}\right) \tag{4.39}$$

が成り立つことがわかる.(4.37) や (4.39) を**トレースの巡回性** (cyclic property of trace) という.

トレースの定義式 (4.36) そのものは CONS を使って書かれているが,CONS

を取り替えると $\hat{A}$ の表示行列は (4.32) で示したように $A' = UAU^\dagger$ という変換を受ける．トレースの巡回性とユニタリ行列の性質 $U^\dagger U = I$ を用いると

$$\mathrm{Tr}\, A' = \mathrm{Tr}\left(UAU^\dagger\right) = \mathrm{Tr}\left(AU^\dagger U\right) = \mathrm{Tr}\left(AI\right) = \mathrm{Tr}\, A \tag{4.40}$$

が成り立つので，トレースの値は行列表示を与える CONS の選び方に依らないことがわかる．とくに恒等演算子 $\hat{I}$ は (4.17) のように単位行列で表示されるので，そのトレースはヒルベルト空間の次元に等しい：

$$\mathrm{Tr}\, \hat{I} = n = \dim \mathscr{H}. \tag{4.41}$$

一般に，n 次行列 A の固有値を縮重度込みで $\lambda_1, \lambda_2, \cdots, \lambda_n$ とする．つまり，k 重に縮退している固有値があれば，数列 $\lambda_1, \lambda_2, \cdots, \lambda_n$ の中には k 回同じ数が現れる．このとき行列 A が対角化可能であろうと対角化不可能であろうと，

$$\mathrm{Tr}\, A = \sum_{j=1}^{n} \lambda_j \tag{4.42}$$

が成り立つ．

第 5 講

位置と運動量

　古典力学においては，粒子がどこにあってどんな速度で動いているかということは基本的な「知るべきこと」であり，粒子の位置と運動量は重要な物理量である．量子力学においても粒子の位置と運動量は重要な物理量であるが，それらは演算子で表される．1 周の長さが $2a$ であるような円周上を動く粒子を考えて，$a \to \infty$ とする極限操作によって直線上の粒子の量子力学を構成すると，運動量波動関数の確率解釈が自然に導かれるし，フーリエ級数とフーリエ積分の関係も見通せるので，そういうアプローチで説明する．

5-1　無限次元ヒルベルト空間の必要性

　では，量子力学における位置と運動量は，どのようなヒルベルト空間上の演算子になっているか調べよう．(3.28) で示したとおり，位置演算子 $\hat{X}$ と運動量演算子 $\hat{P}$ は正準交換関係

$$[\hat{X}, \hat{P}] = i\hbar\hat{I} \tag{5.1}$$

を満たす自己共役演算子である．$\hat{X}$ と $\hat{P}$ は n 次元ヒルベルト空間上の演算子であり正準交換関係を満たすと仮定する．有限次元空間上の演算子のトレース (4.36) は必ず有限値であり，トレースは線形性と巡回性 (4.37) を持つことに注意すると，(5.1) の左辺のトレースは

$$\mathrm{Tr}\,[\hat{X}, \hat{P}] = \mathrm{Tr}\left(\hat{X}\hat{P} - \hat{P}\hat{X}\right)$$

$$= \mathrm{Tr}\left(\hat{X}\hat{P}\right) - \mathrm{Tr}\left(\hat{P}\hat{X}\right)$$

$$= \mathrm{Tr}\left(\hat{X}\hat{P}\right) - \mathrm{Tr}\left(\hat{X}\hat{P}\right) = 0 \tag{5.2}$$

となる．一方で (5.1) の右辺のトレースは，(4.41) より

$$\mathrm{Tr}\left(ih\hat{I}\right) = ihn \tag{5.3}$$

となる．ここで n はいま考えているヒルベルト空間の次元である．(5.2) と (5.3) は等式 (5.1) の左右のトレースを計算したものなので等しくなるべきなのに，等しくない．これは矛盾である．従って，正準交換関係 (5.1) を満たす $\hat{X}, \hat{P}$ が n 次元ヒルベルト空間上の演算子だとした仮定は誤りである．つまり，**正準交換関係を満たす演算子 $\hat{X}, \hat{P}$ は有限次元ヒルベルト空間上には存在しない**．有限次元であれば，(4.38) のように有限和の順序を交換できたが，無限次元ではこのような式変形は正当化されないのである．

正準交換関係を満たす位置と運動量の演算子を導入しようとすると，無限次元ヒルベルト空間を考えざるを得ないことがわかった．無限次元になると困ること・注意しなければならないことがいろいろある：

(i) 無限次元空間のベクトルはノルムが有限値でないことがある．ノルムが発散しているベクトルはヒルベルト空間の元ではない．

(ii) 無限次元空間では，ベクトル $|\psi\rangle$ のノルムが有限であっても，それに演算子 $\hat{A}$ を作用させてできたベクトル $\hat{A}|\psi\rangle$ のノルムが発散することがある．作用させた結果がヒルベルト空間の元になることを要請すると，どんなベクトルにも演算子を作用させてよいわけではないことになる．

(iii) 無限次元空間上の演算子 $\hat{A}$ のトレース $\mathrm{Tr}\,\hat{A}$ は無限級数なので有限値に収束するとは限らない．

(iv) 無限次元空間上の演算子 $\hat{A}$ の行列式 $\det\hat{A}$ は定義できないことが多い．

(v) 演算子 $\hat{A}$ の固有値 λ を求めるために特性方程式 $\det(\lambda\hat{I} - \hat{A}) = 0$ を使えないことが多い．

(vi) 演算子の固有値が $\lambda_1, \lambda_2, \lambda_3, \cdots$ のような離散的な数列にならずに $\alpha \le \lambda \le \beta$ のような連続値をとることがある．

(vii) 一つの固有値が無限重に縮退していることもある.

　固有値が飛び飛びの数列になっていれば固有値の集合を**離散スペクトル** (discrete spectrum) という. 固有値が連続的な実数になっていれば固有値の集合を**連続スペクトル** (continuous spectrum) という (数学的に厳密なことを言うと, 連続スペクトルに対しては形式的な固有ベクトルのノルムは発散し, ヒルベルト空間に固有ベクトルがあるとは言えないので, 「連続固有値」と言うのはまずいのだが, 物理の本はそこまで気にせずに書かれていることが多い).

　古典力学であれば, 物体の速度は連続的に変化しうるし, 物体の運動エネルギーも連続的に変化しうる. しかし, 量子力学では, 例えば原子のエネルギーは連続的に変化することができなくて, 飛び飛びの離散的な値しかとれない. このように, エネルギーなどの物理量 (quantity) が途切れ途切れの粒のように振る舞うところから「量子」(quantum) という名が付けられた.

5-2　円周上の粒子

　a を正の実数とする. 一周の長さが $2a$ である円周上を粒子が動いているとする. 粒子の位置を $-a \leq x \leq a$ の範囲の変数 x で表す. この粒子の状態を波動関数 $\psi(x)$ で表す. Δx を微小な長さとすると, 粒子が $x_0 \leq x \leq x_0 + \Delta x$ の範囲に見つかる確率は

$$\mathbb{P}(x_0 \leq x \leq x_0 + \Delta x | \psi) = |\psi(x_0)|^2 \, \Delta x \tag{5.4}$$

に等しい. 円周の端点 $x = -a$ ともう一方の端点 $x = a$ はつながっているので, 波動関数の値は両端で等しくなくてはならない (図 5.1):

$$\psi(-a) = \psi(a). \tag{5.5}$$

いっそのこと, 波動関数 ψ は任意の実数 x と任意の整数 m に対して

$$\psi(x + 2am) = \psi(x) \tag{5.6}$$

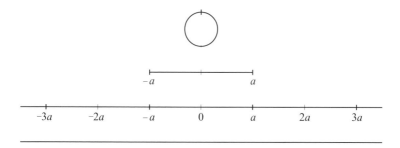

図 5.1 円周上の粒子は，周期境界条件を課された直線上の粒子と等価である．円周の長さ（空間的周期）$2a$ を無限大にすると直線上の粒子の力学になる．

を満たすものとして，変数 x の変域を実数全体に拡張してよい．条件 (5.6) を**周期境界条件** (periodic boundary condition) という．そうすると，この粒子の状態を表すヒルベルト空間は

$$\mathscr{H}_a := \left\{ \psi : \mathbb{R} \to \mathbb{C} \,\middle|\, \forall x \in \mathbb{R},\, \forall m \in \mathbb{Z},\, \psi(x + 2am) = \psi(x) \right\} \qquad (5.7)$$

（$\mathbb{R}$ は実数全体，$\mathbb{C}$ は複素数全体，$\mathbb{Z}$ は整数全体の集合）となり，波動関数同士の内積を

$$\langle \psi_1 | \psi_2 \rangle := \int_{-a}^{a} \psi_1(x)^* \psi_2(x)\, dx \qquad (5.8)$$

と定める．

円周上の粒子に対しても (3.23) と同様に運動量演算子 $\hat{P}$ を

$$\hat{P}\psi(x) := -i\hbar \frac{\partial \psi}{\partial x} \qquad (5.9)$$

で定めると，任意の波動関数 $\psi_1, \psi_2 \in \mathscr{H}_a$ に対して

$$\langle \psi_1 | \hat{P}\psi_2 \rangle = \langle \hat{P}\psi_1 | \psi_2 \rangle \qquad (5.10)$$

が成り立つことが以下のように確かめられる：

$$\langle \psi_1 | \hat{P}\psi_2 \rangle = -i\hbar \int_{-a}^{a} \psi_1(x)^* \frac{\partial \psi_2(x)}{\partial x}\, dx$$

$$= - i\hbar \Big[\psi_1(x)^* \, \psi_2(x) \Big]_{x=-a}^{x=a} + i\hbar \int_{-a}^{a} \frac{\partial \psi_1(x)^*}{\partial x} \psi_2(x) \, dx$$

$$= - i\hbar \Big\{ \psi_1(a)^* \, \psi_2(a) - \psi_1(-a)^* \, \psi_2(-a) \Big\}$$

$$\qquad + \int_{-a}^{a} \Big(- i\hbar \frac{\partial \psi_1(x)}{\partial x} \Big)^* \psi_2(x) \, dx$$

$$= 0 + \langle \hat{P}\psi_1 | \psi_2 \rangle. \tag{5.11}$$

1 行目から 2 行目の式変形は部分積分, 3 行目から 4 行目の式変形では境界条件 (5.5) を使った. (5.10) をエルミート共役の定義式 (3.32), $\langle \psi_1 | \hat{P}\psi_2 \rangle = \langle \hat{P}^\dagger \psi_1 | \psi_2 \rangle$ と見比べると $\hat{P}^\dagger = \hat{P}$, 従って $\hat{P}$ は自己共役であることが結論される.

　一般の固有値問題 $\hat{A}|v\rangle = \lambda|v\rangle$ のパターンどおり, $\hat{P}$ の固有値問題は

$$\hat{P}v(x) = -i\hbar \frac{\partial v}{\partial x} = pv(x) \tag{5.12}$$

を満たす数 $p \in \mathbb{C}$ と, 恒等的にゼロではない関数 $v(x) \in \mathscr{H}_a$ を見つけよという 問題である. 指数関数の微分 (1.32) を見ると, (5.12) の解は

$$v(x) = c \exp \Big(i\frac{px}{\hbar} \Big) \tag{5.13}$$

であることがわかる. さらに境界条件 (5.5) の $v(-a) = v(a)$ から $\exp(-ipa/\hbar) = \exp(ipa/\hbar)$, すなわち

$$\exp \Big(- i\frac{2pa}{\hbar} \Big) = 1 \tag{5.14}$$

であることが要請されるが, これは

$$\frac{2pa}{\hbar} = 2\pi \text{ の整数倍} = 2\pi n \tag{5.15}$$

であることに他ならない. 従って $\hat{P}$ の固有値 p は

$$p_n = \frac{\hbar}{2a} \cdot 2\pi n = \frac{2\pi\hbar}{2a} \cdot n \qquad (n = \cdots, -2, -1, 0, 1, 2, \cdots) \tag{5.16}$$

である. つまり, 円周上の運動量演算子は, 飛び飛びの固有値すなわち離散ス ペクトルを持つ. プランク定数 $\hbar$ がゼロでない有限の値なので p_n の値が飛び

飛びになることに注目してほしい．この固有値に属する規格化された固有ベクトル（固有関数ともいう）は

$$v_n(x) := \frac{1}{\sqrt{2a}} \exp\left(i\frac{p_n x}{\hbar}\right) = \frac{1}{\sqrt{2a}} \exp\left(i\frac{2\pi n}{2a}x\right) \tag{5.17}$$

である．任意の $m, n \in \mathbb{Z}$ に対して

$$\langle v_m | v_n \rangle = \int_{-a}^{a} v_m(x)^* \, v_n(x)\, dx = \frac{1}{2a} \int_{-a}^{a} \exp\left(i\frac{2\pi(n-m)}{2a}x\right) dx$$

$$= \delta_{mn} = \begin{cases} 1 & (m = n) \\ 0 & (m \neq n) \end{cases} \tag{5.18}$$

が成り立ち，$\{|v_n\rangle\}$ は規格直交条件を満たす．(5.17) の関数は

$$v_n(x) = \frac{1}{\sqrt{2a}} \exp\left(i2\pi\frac{x}{\lambda_n}\right) = \frac{1}{\sqrt{2a}}\left\{\cos\left(2\pi\frac{x}{\lambda_n}\right) + i\sin\left(2\pi\frac{x}{\lambda_n}\right)\right\} \tag{5.19}$$

とも書けて，この関数は周長 $2a$ の円周を 1 周する間に n 回波を打って，円周に沿って回っている進行波 (propagating wave) だと解釈できる．進行波の波長は

$$\lambda_n = \frac{2a}{n} \tag{5.20}$$

であり，$v_n(x + \lambda_n) = v_n(x)$ が成り立つ．運動量の固有値 (5.16) と波長は

$$p_n = \frac{2\pi\hbar n}{2a} = \frac{h}{\lambda_n} \tag{5.21}$$

という関係式で結ばれる．

規格化された固有関数の集合 $\{v_n \,|\, n \in \mathbb{Z}\}$ は $\mathcal{H}_a$ の CONS である．つまり，任意の $\psi \in \mathcal{H}_a$ に対して

$$\psi(x) = \sum_{n=-\infty}^{\infty} c_n v_n(x) = \frac{1}{\sqrt{2a}} \sum_{n=-\infty}^{\infty} c_n \exp\left(i\frac{2\pi n}{2a}x\right), \tag{5.22}$$

$$c_n = \langle v_n | \psi \rangle = \frac{1}{\sqrt{2a}} \int_{-a}^{a} \exp\left(-i\frac{2\pi n}{2a}x\right)\psi(x) dx \tag{5.23}$$

が成り立つ．これらの式から

$$\int_{-a}^{a} |\psi(x)|^2 \, dx = \sum_{n=-\infty}^{\infty} |c_n|^2 \tag{5.24}$$

を示すのは難しくない．これは**パーセバルの等式** (Parseval's identity) と呼ばれ，CONS による展開係数の絶対値 2 乗和が元のベクトルのノルム 2 乗に等しいという関係式 (4.8) の特殊ケースになっている．さらに $e^{i\theta} = \cos\theta + i\sin\theta$ を用いて (5.22), (5.23) を

$$\psi(x) = a_0 + \sum_{n=1}^{\infty} \left\{ a_n \cos\left(\frac{2\pi n}{2a}x\right) + b_n \sin\left(\frac{2\pi n}{2a}x\right) \right\}, \tag{5.25}$$

$$a_0 = \frac{1}{\sqrt{2a}} c_0 = \frac{1}{2a} \int_{-a}^{a} \psi(x) dx, \tag{5.26}$$

$$a_n = \frac{1}{\sqrt{2a}} (c_n + c_{-n}) = \frac{1}{a} \int_{-a}^{a} \psi(x) \cos\left(\frac{2\pi n}{2a}x\right) dx, \tag{5.27}$$

$$b_n = \frac{i}{\sqrt{2a}} (c_n - c_{-n}) = \frac{1}{a} \int_{-a}^{a} \psi(x) \sin\left(\frac{2\pi n}{2a}x\right) dx \tag{5.28}$$

と書き換えることもできる．これらの式は，$\psi(x + 2a) = \psi(x)$ を満たす任意の周期的関数は同じ周期を持つ（無限個の）三角関数の重ね合わせで作れることを意味している．三角関数の級数 (5.25) は**フーリエ級数** (Fourier series) とか**フーリエ展開** (Fourier expansion) と呼ばれる．

5-3　直線上の粒子

前節では一周の長さが $2a$ である円周上の粒子の量子力学を扱った．そこでは波動関数 $\psi(x)$ の変数 x の変域は $-a \le x \le a$ に制限されるか，または，波動関数の周期性 $\psi(x + 2a) = \psi(x)$ が要請された．周長 $2a$ を無限大にする極限操作により，無限に長い直線上を動く粒子の力学に移行する．そのための準備として，円周上の波動関数についての公式 (5.22), (5.23) をもう一度書いて

$$\psi(x) = \frac{1}{\sqrt{2a}} \sum_{n=-\infty}^{\infty} c_n \exp\left(i\frac{2\pi n}{2a}x\right), \tag{5.29}$$

$$c_n = \frac{1}{\sqrt{2a}} \int_{-a}^{a} \exp\left(-i\frac{2\pi n}{2a}x\right) \psi(x)dx \tag{5.30}$$

さらに運動量固有値 p_n を $p_n = \hbar k_n$ と書き換えて

$$k_n := \frac{2\pi}{2a}n, \qquad \Delta k := \frac{2\pi}{2a}, \tag{5.31}$$

$$\widetilde{\psi}(k_n) := \int_{-a}^{a} \exp(-ik_n x)\,\psi(x)dx \tag{5.32}$$

($\widetilde{\psi}$ の上に載せた「~」はチルダ tilde と読む）とおくと，(5.30), (5.29) は

$$c_n = \frac{1}{\sqrt{2a}}\widetilde{\psi}(k_n), \tag{5.33}$$

$$\psi(x) = \frac{1}{2\pi} \sum_{n=-\infty}^{\infty} \exp(ik_n x)\,\widetilde{\psi}(k_n)\,\Delta k \tag{5.34}$$

となる．$a \to \infty$ の極限で k_n は連続変数 k として扱えるようになり，(5.32), (5.34) は

$$\widetilde{\psi}(k) := \int_{-\infty}^{\infty} e^{-ikx}\,\psi(x)dx, \tag{5.35}$$

$$\psi(x) = \frac{1}{2\pi} \int_{-\infty}^{\infty} e^{ikx}\,\widetilde{\psi}(k)dk \tag{5.36}$$

となる．(5.35), (5.36) においては変数 x は実数全体を動き，波動関数 $\psi(x)$ は周期境界条件という制約も受けなくなる．つまり，有限長の円周ではなく，無限に長い直線上の粒子を扱うことになる．関数 $\widetilde{\psi}(k)$ を**運動量空間上の波動関数**という．関数 $\psi(x)$ から $\widetilde{\psi}(k)$ を作る (5.35) を**フーリエ変換** (Fourier transformation) といい，関数 $\widetilde{\psi}(k)$ から $\psi(x)$ を再現する (5.36) を**フーリエ逆変換** (Fourier inverse transformation) という．

$n_1 < n_2$ を満たす整数 n_1, n_2 について

$$k_1 := \frac{2\pi}{2a}n_1, \qquad k_2 := \frac{2\pi}{2a}n_2 \tag{5.37}$$

とおく．k の測定値が $k_1 \leq k \leq k_2$ に入る確率は，n の測定値が $n_1 \leq n \leq n_2$ に入る確率に等しく，(5.33) より

$$\mathbb{P}(k_1 \leq k \leq k_2|\psi) = \sum_{n=n_1}^{n_2} |c_n|^2$$

$$= \frac{1}{2a} \sum_{n=n_1}^{n_2} \left|\widetilde{\psi}(k_n)\right|^2$$

$$= \frac{1}{2\pi} \sum_{n=n_1}^{n_2} \left|\widetilde{\psi}(k_n)\right|^2 \Delta k \tag{5.38}$$

となる. k_1, k_2 の値を一定に保ちながら $n_1, n_2 \to \infty, a \to \infty$ とする極限操作を施すと,この式は

$$\mathbb{P}(k_1 \leq k \leq k_2|\psi) = \frac{1}{2\pi} \int_{k_1}^{k_2} \left|\widetilde{\psi}(k)\right|^2 dk \tag{5.39}$$

に収束する.運動量演算子 $\hat{P}$ の固有値 p_n の式 (5.16) と k_n の定義式 (5.31) を見ると,$\hbar k = p$ という関係があり,(5.39) は運動量 $\hat{P}$ の測定値 p が $\hbar k_1 \leq p \leq \hbar k_2$ の範囲に入る確率を与えていることがわかる.変数を k から $p = \hbar k$ に換えると

$$\mathbb{P}(p_1 \leq p \leq p_2|\psi) = \frac{1}{2\pi\hbar} \int_{p_1}^{p_2} \left|\widetilde{\psi}\left(k = \frac{p}{\hbar}\right)\right|^2 dp \tag{5.40}$$

となる.このことから,

$$\frac{1}{2\pi\hbar} \left|\widetilde{\psi}\left(\frac{p}{\hbar}\right)\right|^2 \tag{5.41}$$

は運動量の確率密度(運動量空間上の確率密度)とも呼ばれる.

(5.35) の積分変数を x から y に置き換えて

$$\widetilde{\psi}(k) := \int_{-\infty}^{\infty} e^{-iky} \psi(y)dy \tag{5.42}$$

としてから (5.36) に入れると,

$$\psi(x) = \frac{1}{2\pi} \int_{-\infty}^{\infty} dk\, e^{ikx}\, \widetilde{\psi}(k)$$

$$= \frac{1}{2\pi} \int_{-\infty}^{\infty} dk\, e^{ikx} \int_{-\infty}^{\infty} dy\, e^{-iky}\, \psi(y)$$

$$= \frac{1}{2\pi} \int_{-\infty}^{\infty} dy \int_{-\infty}^{\infty} dk\, e^{ik(x-y)}\, \psi(y) \tag{5.43}$$

となる．ここで形式的に

$$\delta(x) := \frac{1}{2\pi} \int_{-\infty}^{\infty} e^{ikx}\, dk \tag{5.44}$$

とおくと，(5.43) は形式的に

$$\psi(x) = \int_{-\infty}^{\infty} \delta(x-y)\, \psi(y) dy \tag{5.45}$$

と書ける．(5.44) で定めた $\delta(x)$ を**ディラックのデルタ関数** (Dirac's delta function) という．

実数 p について関数

$$\chi_p(x) := \frac{1}{\sqrt{2\pi\hbar}} e^{ipx/\hbar} \tag{5.46}$$

を定めると，これは運動量演算子の固有関数になっている：

$$\hat{P}\chi_p(x) = -i\hbar \frac{\partial}{\partial x}\chi_p(x) = p\,\chi_p(x). \tag{5.47}$$

運動量の固有値 p に対して

$$p = \frac{h}{\lambda} = \frac{2\pi\hbar}{\lambda} \tag{5.48}$$

で λ を定めると $\chi_p(x+\lambda) = \chi_p(x)$ が成り立つ．このことから $\chi_p(x)$ は波長 λ の進行波と呼ばれる．(5.48) を**ドュ・ブロイ (de Broglie) の関係式**（運動量 p と波長 λ の関係式）という．$L^2(\mathbb{R})$ の内積に関して

$$\langle \chi_p | \chi_{p'} \rangle = \int_{-\infty}^{\infty} \chi_p(x)^* \chi_{p'}(x)\, dx = \frac{1}{2\pi\hbar} \int_{-\infty}^{\infty} e^{-i(p-p')x/\hbar}\, dx = \delta(p'-p) \tag{5.49}$$

となる．とくに

$$\left\| |\chi_p\rangle \right\|^2 = \frac{1}{2\pi\hbar} \int_{-\infty}^{\infty} 1\, dx = \infty \tag{5.50}$$

となり，χ_p のノルムは発散している．従って χ_p はヒルベルト空間 $L^2(\mathbb{R})$ の元ではない．このことは，連続スペクトルに対して固有ベクトルが存在しない，という一般的事実の事例になっている．また，運動量固有関数 χ_p を使うと運動量

の確率密度 (5.41) は

$$\frac{1}{2\pi\hbar}\left|\widetilde{\psi}\left(\frac{p}{\hbar}\right)\right|^2 = \left|\langle\chi_p|\psi\rangle\right|^2, \qquad \langle\chi_p|\psi\rangle = \frac{1}{\sqrt{2\pi\hbar}}\int_{-\infty}^{\infty}e^{-ipx/\hbar}\,\psi(x)dx \qquad (5.51)$$

と書けて, $\langle\chi_p|\psi\rangle$ は状態 $|\psi\rangle$ から運動量 p を見出す確率振幅だと解釈できる.

問 5-1. (i) デルタ関数の定義式 (5.44) から, 正の実数 s に対して

$$\delta(-x) = \delta(x) \tag{5.52}$$

$$\delta(sx) = \frac{1}{s}\delta(x) \tag{5.53}$$

を示せ.

(ii) (5.45) から

$$\psi(0) = \int_{-\infty}^{\infty}\delta(y)\,\psi(y)dy \tag{5.54}$$

を示せ.

(iii) 任意の連続関数 $\psi(x)$ に対して (5.54) が成り立つべしという要請から, デルタ関数は

$$x \neq 0 \text{ のとき } \delta(x) = 0 \tag{5.55}$$

$$\int_{-\infty}^{\infty}\delta(x)dx \;=\; 1 \tag{5.56}$$

という性質を持つべきであることを示せ.

問 5-2. $L > 0$ とする. $j = 1, 2$ のそれぞれについて以下の関数 $\psi_j(x)$ を (5.35) によってフーリエ変換した $\widetilde{\psi}_j(k)$ を求めよ. また, $|\psi_j(x)|^2$ のグラフと $|\widetilde{\psi}_j(k)|^2$ のグラフを描け. さらに, L の値を大きくしていったときに $|\psi_j(x)|^2$ のグラフと $|\widetilde{\psi}_j(k)|^2$ のグラフはどのように変化するか説明せよ.

$$\psi_1(x) = \frac{1}{\sqrt{2L}}\,e^{-|x|/(2L)} = \frac{1}{\sqrt{2L}} \times \begin{cases} e^{-x/(2L)} & (x \geq 0) \\ e^{x/(2L)} & (x < 0) \end{cases} \tag{5.57}$$

$$\psi_2(x) = \begin{cases} 1/\sqrt{2L} & (-L \leq x \leq L) \\ 0 & (\text{それ以外}) \end{cases} \tag{5.58}$$

第6講

可換物理量と結合確率

　物理量は単独でも意味があるが，物理量が2つ以上あると，それらの和や積などの代数演算ができるようになり，2つの物理量の値の相関関係も現れて，システムはよりリッチな性質を帯びる．本講では相関関係を記述するための基本的な道具として結合確率の概念を導入し，量子力学では可換な物理量の値に関する結合確率は状態ベクトルと同時固有ベクトルとの内積で求められることを示す．

6-1　結合確率

　2-5節でも述べたが，確率とは，ある事象が起こりそうな度合いを0以上1以下の実数で表したものである．ある事象の確率が p であれば，同じ条件で実験を N 回繰り返せば，そのうち $n = pN$ 回程度その事象が起きると期待される．

　2つの事象の組み合わせが起こる確率を述べることもできる．例えば，サイコロとコインを同時に投げて「サイコロは3の目が出て，かつ，コインは表が出る」というような事象の組み合わせを**複合事象**といい，複合事象の起こる確率を**結合確率** (joint probability) という．2個のサイコロをいっぺんに振って，「サイコロ A は3の目が出て，一方で，サイコロ B は5の目が出る」という複合事象に対する結合確率を尋ねることもできる．2つの事象は必ずしも同時刻の出来事である必要はなく，例えば，箱の中からくじを引くという状況で，「1本目のくじははずれで，かつ，2本目は当たりくじである確率」を尋ねてもよい．このように，「A の値が a になり，かつ，B の値が b になる確率」を

$$\mathbb{P}(\mathrm{A}=a,\mathrm{B}=b) \tag{6.1}$$

と書く．また，たんに「Aの値がaになる確率」または「Bの値がbになる確率」を

$$\mathbb{P}(\mathrm{A}=a), \qquad \mathbb{P}(\mathrm{B}=b) \tag{6.2}$$

と書き，これを結合確率 (6.1) に対する**周辺確率** (marginal probability) という．結合確率が存在すれば，

$$\mathbb{P}(\mathrm{A}=a)=\sum_b \mathbb{P}(\mathrm{A}=a,\mathrm{B}=b) \tag{6.3}$$

$$\mathbb{P}(\mathrm{B}=b)=\sum_a \mathbb{P}(\mathrm{A}=a,\mathrm{B}=b) \tag{6.4}$$

が必ず成り立つ．ただし (6.3) における和 $\sum_b$ は B がとりうる値 b のすべてについての和である．(6.4) における和 $\sum_a$ は A がとりうるすべての値についての和．しかし，

$$\mathbb{P}(\mathrm{A}=a)\times\mathbb{P}(\mathrm{B}=b)=\mathbb{P}(\mathrm{A}=a,\mathrm{B}=b) \tag{6.5}$$

は必ずしも成り立たない．すべての値 a,b に対して等式 (6.5) が成り立っていれば，A と B は確率的に**独立** (independent) だという．

6-2 可換な物理量の結合確率

(3.9) で導入したように，ヒルベルト空間 $\mathscr{H}$ 上の 2 つの演算子 $\hat{A},\hat{B}$ に対して $[\hat{A},\hat{B}]:=\hat{A}\hat{B}-\hat{B}\hat{A}$ を $\hat{A}$ と $\hat{B}$ の**交換子**という．$[\hat{A},\hat{B}]=0$ つまり $\hat{A}\hat{B}=\hat{B}\hat{A}$ であることを，$\hat{A}$ と $\hat{B}$ は**可換** (commutative) だという．古典力学に現れる物理量の積はすべて可換である．じつはすべての物理量の積が可換であれば，それらを「演算子」として扱う必要もなく，普通の関数として扱ってよい．

2 つの演算子 $\hat{A},\hat{B}$ に対して

$$\hat{A}|v\rangle = a|v\rangle, \quad \hat{B}|v\rangle = b|v\rangle, \quad |v\rangle \neq 0 \tag{6.6}$$

をいちどきに満たすベクトル $|v\rangle \in \mathscr{H}$ と数 $a, b \in \mathbb{C}$ があれば，$|v\rangle$ を $\hat{A}$ と $\hat{B}$ の同時固有ベクトル (simultaneous eigenvector) という．$\hat{A}$ と $\hat{B}$ の同時固有ベクトル $|v\rangle$ は，演算子 $\hat{A}$ の固有ベクトルであり，かつ，演算子 $\hat{B}$ の固有ベクトルにもなっている．固有値 a と b は異なっていてもかまわない．

　ここでは，一定の a, b に対して，(6.6) を満たすベクトルは $|v\rangle$ のスカラー倍しかないとする（縮退がないと仮定する）．また，$|v\rangle$ は単位ベクトルであることを仮定する．つまり，$\langle v|v\rangle = 1$ とする．

　ここからが物理的解釈である．量子力学では物理系の状態はヒルベルト空間の単位ベクトルで表されることになっている．**もしも，系の状態が (6.6) を満たす同時固有ベクトル $|v\rangle$ になっていれば，物理量 $\hat{A}$ を測れば確実に値 a が測定値として得られ，かつ，物理量 $\hat{B}$ を測れば確実に値 b が測定値として得られる．**$\hat{A}$ の測定と $\hat{B}$ の測定は実際には厳密に同時に行われる必要はない．固有ベクトル状態 $|v\rangle$ においては，$\hat{A}, \hat{B}$ のどちらを先に測定しても，$\hat{A}$ を測ったなら測定値は a，$\hat{B}$ を測ったなら測定値は b になる．

　系の状態が一般的な単位ベクトル $|\psi\rangle$ であった場合は，物理量 $\hat{A}, \hat{B}$ の固有値 a, b に属する同時固有ベクトルとして 1 次独立なものが $|v\rangle$ だけであれば（つまり縮退がない場合），物理量 $\hat{A}$ と $\hat{B}$ を測って「$\hat{A}$ の測定値として a を得て，かつ，$\hat{B}$ の測定値として b を得る結合確率」は，与えられた状態 $|\psi\rangle$ から同時固有状態 $|v\rangle$ に遷移する確率に等しく，**ボルンの確率公式**

$$\mathbb{P}(v \leftarrow \psi) = \left|\langle v|\psi\rangle\right|^2 \tag{6.7}$$

のとおり確率振幅の絶対値 2 乗で与えられる．

　なお，そもそも数値 a が $\hat{A}$ の固有値でなかったら，そして測定方法が正確であれば，$\hat{A}$ の測定値として a が出て来る確率はゼロである．$\hat{B}$ を測って $\hat{B}$ の固有値ではない値 b が出て来る確率もゼロである．

　一般に，可換な物理量演算子の同時固有ベクトルで CONS ができて，固有値の出現に関して総和が 1 になる結合確率が定まる．

6-3　縮退がある場合

2 つの可換な演算子 $\hat{A}, \hat{B}$ と一定の値 a, b に対して

$$\hat{A}|v^{(r)}\rangle = a|v^{(r)}\rangle, \qquad \hat{B}|v^{(r)}\rangle = b|v^{(r)}\rangle, \tag{6.8}$$

$$\langle v^{(s)}|v^{(r)}\rangle = \delta_{rs} \tag{6.9}$$

を満たすベクトル $|v^{(r)}\rangle$ がラベル $r, s = 1, 2, \cdots, k$ の分だけ一次独立なものが
あって，しかも条件 (6.9) を満たしながらベクトルの数を増やすことができない
ようなベクトルの組 $\{|v^{(1)}\rangle, |v^{(2)}\rangle, \cdots, |v^{(k)}\rangle\}$ を，固有値 a, b の固有ベクトル
空間の完全系という．このとき，$\hat{A}, \hat{B}$ の固有値の組 (a, b) は k 重に縮退して
いるという．こうなっていれば量子力学では次の法則が成り立つ：系の状態が
単位ベクトル $|\psi\rangle$ で表されているとき，物理量 $\hat{A}$ と $\hat{B}$ を測って $\hat{A}$ の測定値と
して a を得て，かつ，$\hat{B}$ の測定値として b を得る結合確率は

$$\mathbb{P}(\hat{A} = a, \hat{B} = b|\psi) = \sum_{r=1}^{k} \left| \langle v^{(r)}|\psi\rangle \right|^2 \tag{6.10}$$

に等しい．この式もボルンの確率公式という．

　例題を一つやってみよう．3 次元のヒルベルト空間 $\mathscr{H} = \mathbb{C}^3$ 上の演算子

$$\hat{E} = \begin{pmatrix} 5 & 1 & 0 \\ 1 & 5 & 0 \\ 0 & 0 & 6 \end{pmatrix}, \qquad \hat{F} = \begin{pmatrix} 0 & 8 & 0 \\ 8 & 0 & 0 \\ 0 & 0 & 8 \end{pmatrix} \tag{6.11}$$

の積を計算すると，$\hat{E}\hat{F}, \hat{F}\hat{E}$ のどちらも

$$\hat{E}\hat{F} = \begin{pmatrix} 8 & 40 & 0 \\ 40 & 8 & 0 \\ 0 & 0 & 48 \end{pmatrix} = \hat{F}\hat{E} \tag{6.12}$$

となり，$\hat{E}, \hat{F}$ が可換であることが確認できる．さらに

$$|v(6,8)^{(1)}\rangle = \frac{1}{\sqrt{2}}\begin{pmatrix}1\\1\\0\end{pmatrix}, \quad |v(6,8)^{(2)}\rangle = \begin{pmatrix}0\\0\\1\end{pmatrix}, \quad |v(4,-8)\rangle = \frac{1}{\sqrt{2}}\begin{pmatrix}1\\-1\\0\end{pmatrix} \quad (6.13)$$

とおけば，

$$\hat{E}|v(6,8)^{(1)}\rangle = 6\,|v(6,8)^{(1)}\rangle, \qquad \hat{F}|v(6,8)^{(1)}\rangle = 8\,|v(6,8)^{(1)}\rangle, \qquad (6.14)$$

$$\hat{E}|v(6,8)^{(2)}\rangle = 6\,|v(6,8)^{(2)}\rangle, \qquad \hat{F}|v(6,8)^{(2)}\rangle = 8\,|v(6,8)^{(2)}\rangle, \qquad (6.15)$$

$$\hat{E}|v(4,-8)\rangle = 4\,|v(4,-8)\rangle, \qquad \hat{F}|v(4,-8)\rangle = -8\,|v(4,-8)\rangle \qquad (6.16)$$

となる．つまり，$|v(6,8)^{(1)}\rangle$ と $|v(6,8)^{(2)}\rangle$ はどちらも $\hat{E}$ の測定値は 6, $\hat{F}$ の測定値は 8 に確定している状態である．$|v(4,-8)\rangle$ は $\hat{E}$ の測定値は 4, $\hat{F}$ の測定値は -8 に確定している状態である．上に示した同時固有ベクトル (6.13) は，ノルムが 1 で互いに直交するように選んである．しかも (6.13) のベクトルのセットは CONS になっている．$|v(6,8)^{(1)}\rangle$ と $|v(6,8)^{(2)}\rangle$ は固有値がまったく同じ，つまり $\hat{E}$ の固有値 6, $\hat{F}$ の固有値 8 の組は 2 重縮退しているので，c_1, c_2 を任意の複素数としても

$$|v(6,8)\rangle = c_1\,|v(6,8)^{(1)}\rangle + c_2\,|v(6,8)^{(2)}\rangle \qquad (6.17)$$

は $\hat{E}|v(6,8)\rangle = 6\,|v(6,8)\rangle$, $\hat{F}|v(6,8)\rangle = 8\,|v(6,8)\rangle$ を満たす．つまり縮退している固有値に属する固有ベクトルは線形結合の分だけ不定性があり，(6.13) の $|v(6,8)^{(1)}\rangle$, $|v(6,8)^{(2)}\rangle$ の代わりに例えば

$$|\tilde{v}(6,8)^{(1)}\rangle = \frac{1}{\sqrt{3}}\begin{pmatrix}1\\1\\1\end{pmatrix}, \quad |\tilde{v}(6,8)^{(2)}\rangle = \frac{1}{\sqrt{6}}\begin{pmatrix}1\\1\\-2\end{pmatrix}, \quad |v(4,-8)\rangle = \frac{1}{\sqrt{2}}\begin{pmatrix}1\\-1\\0\end{pmatrix}$$
$$(6.18)$$

を CONS として選んでもよい．例として，系の状態ベクトルが

$$|\psi\rangle = \frac{1}{\sqrt{3}} \begin{pmatrix} 1 \\ -1 \\ 1 \end{pmatrix} \tag{6.19}$$

であれば，$\hat{E}, \hat{F}$ の測定値として $6, 8$ を得る結合確率は，(6.18) の固有ベクトルとボルンの確率公式 (6.10) を使って計算すると

$$\mathbb{P}(\hat{E} = 6, \hat{F} = 8 | \psi) = \left| \langle \tilde{v}(6,8)^{(1)} | \psi \rangle \right|^2 + \left| \langle \tilde{v}(6,8)^{(2)} | \psi \rangle \right|^2$$
$$= \left| \frac{1}{3} \right|^2 + \left| \frac{-2}{\sqrt{18}} \right|^2 = \frac{2+4}{18} = \frac{1}{3} \tag{6.20}$$

となる．(6.13) の固有ベクトルを使って計算しても

$$\mathbb{P}(\hat{E} = 6, \hat{F} = 8 | \psi) = \left| \langle v(6,8)^{(1)} | \psi \rangle \right|^2 + \left| \langle v(6,8)^{(2)} | \psi \rangle \right|^2$$
$$= \left| 0 \right|^2 + \left| \frac{1}{\sqrt{3}} \right|^2 = \frac{1}{3} \tag{6.21}$$

になる．$\hat{E}, \hat{F}$ の測定値として $4, -8$ を得る結合確率は

$$\mathbb{P}(\hat{E} = 4, \hat{F} = -8 | \psi) = \left| \langle v(4,-8) | \psi \rangle \right|^2 = \left| \frac{2}{\sqrt{6}} \right|^2 = \frac{2}{3} \tag{6.22}$$

であり，確率の総和は $\frac{1}{3} + \frac{2}{3} = 1$ になっている．$\hat{E}$ だけを測定して 6 という値を得る確率は周辺確率

$$\mathbb{P}(\hat{E} = 6 | \psi) = \frac{1}{3} \tag{6.23}$$

であるし，$\hat{F}$ だけを測定して -8 という値を得る確率は周辺確率

$$\mathbb{P}(\hat{F} = -8 | \psi) = \frac{2}{3} \tag{6.24}$$

である．しかし，$\hat{E} = 6$ かつ $\hat{F} = -8$ という固有状態はなく，結合確率は

$$\mathbb{P}(\hat{E} = 6, \hat{F} = -8 | \psi) = 0 \tag{6.25}$$

である．従って，独立性の条件 (6.5) は成立しておらず，$\hat{E}$ と $\hat{F}$ の確率分布は独立ではなく相関している．

問 6-1. (i) 次の演算子 $\hat{S}$ と $\hat{T}$ が可換であることを確認せよ.

$$\hat{S} = \begin{pmatrix} 2 & 1 & 0 \\ 1 & 2 & 0 \\ 0 & 0 & 4 \end{pmatrix}, \qquad \hat{T} = \begin{pmatrix} 0 & 2 & 0 \\ 2 & 0 & 0 \\ 0 & 0 & 5 \end{pmatrix}, \qquad |\psi\rangle = \frac{1}{\sqrt{3}} \begin{pmatrix} 1 \\ 1 \\ 1 \end{pmatrix} \tag{6.26}$$

(ii) $\hat{S}, \hat{T}$ のすべての固有値と規格化された同時固有ベクトルを求めよ.

(iii) 状態 $|\psi\rangle$ において $\hat{S}$ を測って測定値として 3 を得る確率はいくらか.

(iv) 状態 $|\psi\rangle$ において $\hat{S}$ の測定値として 6 を得る確率はいくらか.

(v) 状態 $|\psi\rangle$ において $\hat{T}$ の測定値として 2 を得る確率はいくらか.

(vi) 状態 $|\psi\rangle$ において $\hat{T}$ の測定値として 5 を得る確率はいくらか.

(vii) 状態 $|\psi\rangle$ において $\hat{S}$ の測定値として 3 を得ると同時に $\hat{T}$ の測定値として 2 を得る確率はいくらか.

(viii) 状態 $|\psi\rangle$ において $\hat{S}$ の測定値として 3 を得ると同時に $\hat{T}$ の測定値として 5 を得る確率はいくらか.

(ix) 状態 $|\psi\rangle$ において $\hat{S}$ の測定値と $\hat{T}$ の測定値の確率分布は独立か.

第 7 講

非可換物理量の量子効果

物理量演算子 $\hat{A}, \hat{B}$ の積が順序に依存して $\hat{A}\hat{B} \neq \hat{B}\hat{A}$ となるなら $\hat{A}$ と $\hat{B}$ は非可換であるという．物理量の積の非可換性は量子力学の根本的な特徴であり，古典力学と量子力学の相違点はすべて非可換性に起因すると言ってよい．本講では，不確定性関係・波束の収縮・干渉効果・物理量の値の同時非実在性など量子力学に独特の性質が非可換性の帰結として現れることを示す．1 つの物理量だけに注目している限り古典力学と量子力学の目立った違いはなく，2 つ以上の非可換物理量に注目したときに初めて量子力学ならではの性質や現象が顕在化する．本書全体を通して本講が最大の山場である．

7-1 同時確定状態の非存在

演算子 $\hat{A}, \hat{B}$ について，$\hat{A}\hat{B} \neq \hat{B}\hat{A}$ ならば（$[\hat{A}, \hat{B}] \neq 0$ ならば）$\hat{A}$ と $\hat{B}$ は非可換 (noncommutative) だという．一般に，非可換な物理量に対しては，同時固有ベクトルが存在しないか，存在したとしても同時固有ベクトルで **CONS** を作れるほど多くの同時固有ベクトルは存在しない．もう少し正確に言うと，物理量（自己共役演算子）$\hat{A}$ と $\hat{B}$ が非可換ならば，$\hat{A}$ の固有値 a はあるが，その固有ベクトル $|v_a\rangle$ をどう選んでも $|v_a\rangle$ は $\hat{B}$ の固有ベクトルにならないような a が存在する．同様に，$\hat{A}$ と $\hat{B}$ が非可換ならば，$\hat{B}$ の固有値 b はあるが，その固有ベクトル $|w_b\rangle$ をどう選んでも $|w_b\rangle$ は $\hat{A}$ の固有ベクトルにならないような b が存在する．つまり，物理量 $\hat{A}$ の値が a に確定することはあっても，このとき物理量 $\hat{B}$ の値は確実にいくらとは言えず確率的にいろいろな値を取り得る．同様

に物理量 $\hat{B}$ の値が b に確定することはあっても、このとき物理量 $\hat{A}$ の値は確率的にばらつく。この意味で、非可換物理量 $\hat{A}$ と $\hat{B}$ の値が同時には確定しない。

例題を示そう。次の演算子

$$\hat{A} = \begin{pmatrix} 3 & 1 & 0 \\ 1 & 3 & 0 \\ 0 & 0 & 3 \end{pmatrix}, \qquad \hat{B} = \begin{pmatrix} 6 & 0 & 0 \\ 0 & 6 & 1 \\ 0 & 1 & 6 \end{pmatrix} \tag{7.1}$$

の積は

$$\hat{A}\hat{B} = \begin{pmatrix} 18 & 6 & 1 \\ 6 & 18 & 3 \\ 0 & 3 & 18 \end{pmatrix}, \qquad \hat{B}\hat{A} = \begin{pmatrix} 18 & 6 & 0 \\ 6 & 18 & 3 \\ 1 & 3 & 18 \end{pmatrix} \tag{7.2}$$

となって、$\hat{A}\hat{B} \neq \hat{B}\hat{A}$ であることは見ての通りであり、それらの交換子は

$$[\hat{A}, \hat{B}] = \hat{A}\hat{B} - \hat{B}\hat{A} = \begin{pmatrix} 0 & 0 & 1 \\ 0 & 0 & 0 \\ -1 & 0 & 0 \end{pmatrix} \tag{7.3}$$

である。$\hat{A}$ の固有値は $4, 2, 3$ であり、それぞれの固有ベクトルは

$$|a(4)\rangle = \frac{1}{\sqrt{2}} \begin{pmatrix} 1 \\ 1 \\ 0 \end{pmatrix}, \qquad |a(2)\rangle = \frac{1}{\sqrt{2}} \begin{pmatrix} 1 \\ -1 \\ 0 \end{pmatrix}, \qquad |a(3)\rangle = \begin{pmatrix} 0 \\ 0 \\ 1 \end{pmatrix} \tag{7.4}$$

のスカラー倍である。$\hat{B}$ の固有値は $6, 7, 5$ で、それぞれの固有ベクトルは

$$|b(6)\rangle = \begin{pmatrix} 1 \\ 0 \\ 0 \end{pmatrix}, \qquad |b(7)\rangle = \frac{1}{\sqrt{2}} \begin{pmatrix} 0 \\ 1 \\ 1 \end{pmatrix}, \qquad |b(5)\rangle = \frac{1}{\sqrt{2}} \begin{pmatrix} 0 \\ 1 \\ -1 \end{pmatrix} \tag{7.5}$$

のスカラー倍である。$\hat{A}$ と $\hat{B}$ に共通の固有ベクトルはなく、$\hat{A}$ の値が確定した状態では $\hat{B}$ の値は不確定になるし、$\hat{B}$ の値が確定すれば $\hat{A}$ の値が不確定になる。例えば、$\hat{A} = 4$ が確定した状態から $\hat{B} = 6, 7, 5$ の値が得られる確率はそれぞれ

$$\mathbb{P}(b = 6 \leftarrow a = 4) = \left| \langle b(6) | a(4) \rangle \right|^2 = \left| \frac{1}{\sqrt{2}} \right|^2 = \frac{1}{2}, \tag{7.6}$$

$$\mathbb{P}(b = 7 \leftarrow a = 4) = \left| \langle b(7) | a(4) \rangle \right|^2 = \left| \frac{1}{2} \right|^2 = \frac{1}{4}, \tag{7.7}$$

$$\mathbb{P}(b = 5 \leftarrow a = 4) = \left| \langle b(5) | a(4) \rangle \right|^2 = \left| \frac{1}{2} \right|^2 = \frac{1}{4} \tag{7.8}$$

となり，どの確率も 1 にならない．

もう一つ，非可換な物理量が不確定性関係を醸し出す例を見てみよう．ヒルベルト空間 $\mathscr{H} = \mathbb{C}^2$ 上の 3 つの自己共役演算子

$$\hat{X} = \sigma_x = \begin{pmatrix} 0 & 1 \\ 1 & 0 \end{pmatrix}, \quad \hat{Y} = \sigma_y = \begin{pmatrix} 0 & -i \\ i & 0 \end{pmatrix}, \quad \hat{Z} = \sigma_z = \begin{pmatrix} 1 & 0 \\ 0 & -1 \end{pmatrix} \tag{7.9}$$

を導入する．$\hat{X}, \hat{Y}, \hat{Z}$ をそれぞれ**スピン** (spin) の X 成分，Y 成分，Z 成分と呼び，まとめて**スピン演算子**と呼ぶことにする．伝統的には $\sigma_x, \sigma_y, \sigma_z$ という記法がよく使われ，これらは**パウリ行列** (Pauli matrix) と呼ばれることが多いが，本書では $\hat{X}, \hat{Y}, \hat{Z}$ という記法を用いる（スピン演算子の $\hat{X}$ は 3-1 節で導入した位置演算子の $\hat{X}$ とは別物であることに注意してほしい）．スピン演算子の積は

$$\hat{X}\hat{Y} = -\hat{Y}\hat{X} = i\hat{Z}, \tag{7.10}$$

$$\hat{Y}\hat{Z} = -\hat{Z}\hat{Y} = i\hat{X}, \tag{7.11}$$

$$\hat{Z}\hat{X} = -\hat{X}\hat{Z} = i\hat{Y}, \tag{7.12}$$

$$\hat{X}\hat{X} = \hat{Y}\hat{Y} = \hat{Z}\hat{Z} = \hat{I} \tag{7.13}$$

となる．ただし $\hat{I}$ は恒等演算子であり，いまの場合，2 行 2 列の単位行列である．$\hat{X}\hat{Y} = i\hat{Z}, \hat{Y}\hat{X} = -i\hat{Z}$ となっているので，明らかにこれらの積は非可換である．交換子は

$$[\hat{X}, \hat{Y}] = 2i\hat{Z}, \qquad [\hat{Y}, \hat{Z}] = 2i\hat{X}, \qquad [\hat{Z}, \hat{X}] = 2i\hat{Y} \tag{7.14}$$

となる．スピン演算子 $\hat{X}, \hat{Y}, \hat{Z}$ の規格化された固有ベクトルは，それぞれ

$$|x_+\rangle = \frac{1}{\sqrt{2}}\begin{pmatrix} 1 \\ 1 \end{pmatrix}, \qquad |x_-\rangle = \frac{1}{\sqrt{2}}\begin{pmatrix} 1 \\ -1 \end{pmatrix}, \tag{7.15}$$

$$|y_+\rangle = \frac{1}{\sqrt{2}}\begin{pmatrix} 1 \\ i \end{pmatrix}, \qquad |y_-\rangle = \frac{1}{\sqrt{2}}\begin{pmatrix} i \\ 1 \end{pmatrix}, \tag{7.16}$$

$$|z_+\rangle = \begin{pmatrix} 1 \\ 0 \end{pmatrix}, \qquad |z_-\rangle = \begin{pmatrix} 0 \\ 1 \end{pmatrix} \tag{7.17}$$

である．$\hat{X}, \hat{Y}, \hat{Z}$ の固有値は ± 1 であり，例えば $\hat{X}|x_+\rangle = |x_+\rangle$, $\hat{X}|x_-\rangle = -|x_-\rangle$ が成り立つ．また，$\langle x_+|x_+\rangle = \langle x_-|x_-\rangle = 1$, $\langle x_+|x_-\rangle = 0$ などが成り立つ．状態ベクトルは単位ベクトル

$$|\psi\rangle = \begin{pmatrix} c_1 \\ c_2 \end{pmatrix} \tag{7.18}$$

であり，その成分の複素数 c_1, c_2 は $|c_1|^2 + |c_2|^2 = 1$ を満たす．期待値の公式 (3.115) どおりに各物理量の期待値（平均値）を計算すると，

$$\langle\psi|\hat{X}|\psi\rangle = (c_1^*, c_2^*)\begin{pmatrix} 0 & 1 \\ 1 & 0 \end{pmatrix}\begin{pmatrix} c_1 \\ c_2 \end{pmatrix} = c_1^* c_2 + c_2^* c_1 = 2\,\mathrm{Re}\,(c_1^* c_2), \tag{7.19}$$

$$\langle\psi|\hat{Y}|\psi\rangle = (c_1^*, c_2^*)\begin{pmatrix} 0 & -i \\ i & 0 \end{pmatrix}\begin{pmatrix} c_1 \\ c_2 \end{pmatrix} = -ic_1^* c_2 + ic_2^* c_1 = 2\,\mathrm{Im}\,(c_1^* c_2), \tag{7.20}$$

$$\langle\psi|\hat{Z}|\psi\rangle = (c_1^*, c_2^*)\begin{pmatrix} 1 & 0 \\ 0 & -1 \end{pmatrix}\begin{pmatrix} c_1 \\ c_2 \end{pmatrix} = c_1^* c_1 - c_2^* c_2 = |c_1|^2 - |c_2|^2 \tag{7.21}$$

となる．当然のことながら，どの期待値も実数になっている．各期待値を $\langle\hat{X}\rangle$, $\langle\hat{Y}\rangle$, $\langle\hat{Z}\rangle$ と書いて，それらの 2 乗の和を求めると

$$\begin{aligned} \langle\hat{X}\rangle^2 + \langle\hat{Y}\rangle^2 + \langle\hat{Z}\rangle^2 &= (c_1^* c_2 + c_2^* c_1)^2 + (-ic_1^* c_2 + ic_2^* c_1)^2 + (c_1^* c_1 - c_2^* c_2)^2 \\ &= 2c_1^* c_2^* c_1 c_2 + (c_1^* c_1)^2 + (c_2^* c_2)^2 \\ &= (c_1^* c_1 + c_2^* c_2)^2 = 1 \end{aligned} \tag{7.22}$$

となる．このことから，3 つの期待値 $\langle\hat{X}\rangle, \langle\hat{Y}\rangle, \langle\hat{Z}\rangle$ のどれかが 1 または -1 だ

と，他の2つは必ず0であることがわかる．もともと $\hat{X}, \hat{Y}, \hat{Z}$ のいずれも固有値は ± 1 だったので，例えば，$\hat{X}$ の期待値が1である状態においては $\hat{X}$ の測定値は100パーセントの確率で1である．この状態で $\hat{X}$ の値は確定しているが，$\hat{Y}$ の期待値は0であり，$\hat{Y}$ の測定値が1になる確率も -1 になる確率も50パーセントである．この状態では $\hat{Z}$ の測定値が1になる確率も -1 になる確率も50パーセントである．± 1 どちらの値も出現確率が50パーセントというのは，「不確定さが最大」と言える状態である．つまり，**3種の物理量 $\hat{X}, \hat{Y}, \hat{Z}$ のうちのどれか1つの値が確定すると，他の2つの物理量の値は完全に不確定になる**．

関係式 $\langle \hat{X} \rangle^2 + \langle \hat{Y} \rangle^2 + \langle \hat{Z} \rangle^2 = 1$ は，$\langle \hat{X} \rangle$ の値がジャスト1ではなくても1に近づいただけで $\langle \hat{Y} \rangle$ と $\langle \hat{Z} \rangle$ の値は0に近づくと言っており，一つの物理量の値が確定してくると他の物理量の値の不確定度合いが強くなることを意味している．つまり，$\langle \hat{X} \rangle^2 + \langle \hat{Y} \rangle^2 + \langle \hat{Z} \rangle^2 = 1$ という関係式は，たんに「$\hat{X}, \hat{Y}, \hat{Z}$ の同時確定状態がない」と言うだけでなく，同時不確定性の度合いの定量的関係を表している．

7-2　波束の収縮

前節の (7.9) で導入したスピン物理量 $\hat{X}, \hat{Y}, \hat{Z}$ の固有ベクトル (7.15), (7.16), (7.17) の物理的意味を吟味しよう．$|x_{\pm}\rangle$ は演算子 $\hat{X}$ の固有値 $x = \pm 1$ の固有ベクトルである（固有状態ともいう）．$|z_{\pm}\rangle$ は $\hat{Z}$ の固有値 $z = \pm 1$ の固有ベクトルである．これらの定義から

$$|x_+\rangle = \frac{1}{\sqrt{2}} \left(|z_+\rangle + |z_-\rangle \right), \tag{7.23}$$

$$|x_-\rangle = \frac{1}{\sqrt{2}} \left(|z_+\rangle - |z_-\rangle \right), \tag{7.24}$$

$$|z_+\rangle = \frac{1}{\sqrt{2}} \left(|x_+\rangle + |x_-\rangle \right), \tag{7.25}$$

$$|z_-\rangle = \frac{1}{\sqrt{2}} \left(|x_+\rangle - |x_-\rangle \right) \tag{7.26}$$

という関係が成り立つ．ボルンの確率公式により

$$\mathbb{P}(z=1 \leftarrow x=1) = \left| \langle z_+|x_+\rangle \right|^2 = \left| \frac{1}{\sqrt{2}} \right|^2 = \frac{1}{2} \tag{7.27}$$

なので，$x=1$ の固有状態に対して物理量 $\hat{Z}$ を測って測定値 $z=1$ が出て来る確率は $\frac{1}{2}$ である．同様の計算により

$$\mathbb{P}(z=1 \leftarrow x=1) = \frac{1}{2}, \tag{7.28}$$

$$\mathbb{P}(z=-1 \leftarrow x=1) = \frac{1}{2}, \tag{7.29}$$

$$\mathbb{P}(x=1 \leftarrow z=1) = \frac{1}{2}, \tag{7.30}$$

$$\mathbb{P}(x=-1 \leftarrow z=1) = \frac{1}{2}, \tag{7.31}$$

$$\mathbb{P}(x=1 \leftarrow z=-1) = \frac{1}{2}, \tag{7.32}$$

$$\mathbb{P}(x=-1 \leftarrow z=-1) = \frac{1}{2} \tag{7.33}$$

であることも結論できる．また，

$$\mathbb{P}(x=1 \leftarrow x=1) = \left| \langle x_+|x_+\rangle \right|^2 = 1, \tag{7.34}$$

$$\mathbb{P}(x=-1 \leftarrow x=1) = \left| \langle x_-|x_+\rangle \right|^2 = 0 \tag{7.35}$$

もわかる．ここまでは何の変哲もない結果のように見えるが，よく考えてみると意外な意味をはらんでいる．$x=1$ の状態からスタートして，$\hat{Z}$ を測ったら $z=1$ という結果が出て，しかる後に $\hat{X}$ を測ったら $x=-1$ という結果が出る確率は

$$\mathbb{P}(x=-1 \leftarrow z=1 \leftarrow x=1) = \mathbb{P}(x=-1 \leftarrow z=1) \cdot \mathbb{P}(z=1 \leftarrow x=1)$$

$$= \frac{1}{2} \cdot \frac{1}{2} = \frac{1}{4} \tag{7.36}$$

である．$x=1$ の状態からスタートして，$\hat{Z}$ を測ったら $z=-1$ という結果が出て，さらに $\hat{X}$ を測ったら $x=-1$ という結果が出る確率も同様に計算すると（上の式とあまりにもそっくりで，違いがわかりにくいが），

$$\mathbb{P}(x=-1 \leftarrow z=-1 \leftarrow x=1) = \mathbb{P}(x=-1 \leftarrow z=-1) \cdot \mathbb{P}(z=-1 \leftarrow x=1)$$

$$= \frac{1}{2} \cdot \frac{1}{2} = \frac{1}{4} \tag{7.37}$$

となる．そうすると，$x=1$ の状態からスタートして，$\hat{Z}$ を測って $z=\pm 1$ のいずれかの結果を得てから，さらに $\hat{X}$ を測って $x=-1$ という結果を得る確率は，途中 $z=1$ を経由する確率と $z=-1$ を経由する確率の和に等しく，

$$\mathbb{P}(x=-1 \leftarrow z=\pm 1 \leftarrow x=1)$$

$$= \mathbb{P}(x=-1 \leftarrow z=1 \leftarrow x=1) + \mathbb{P}(x=-1 \leftarrow z=-1 \leftarrow x=1)$$

$$= \frac{1}{4} + \frac{1}{4} = \frac{1}{2} \tag{7.38}$$

となる．しかし，$x=1$ の状態からスタートして途中で $\hat{Z}$ を測らなければ $x=-1$ の状態に乗り移る確率は (7.35) のとおり

$$\mathbb{P}(x=-1 \leftarrow x=1) = 0 \tag{7.39}$$

である．

(7.38) と (7.39) はどうして一致しないのだろうか？ (7.39) は，$\hat{X}$ を測って測定値 $x=1$ だった状態に対してもう一度 $\hat{X}$ を測って $x=-1$ を得る確率はゼロだと言っている．(7.38) は，$\hat{X}$ の測定値が $x=1$ である状態に対して $\hat{Z}$ を測った後に再び $\hat{X}$ を測って $x=-1$ を得る確率はゼロではなく $\frac{1}{2}$ だと言っている．つまり，$\hat{X}$ の測定値が $x=1$ だった状態に対して $\hat{X}$ を繰り返し測っても $x=1$ のままであり，$x=-1$ にはならない．しかし，**$x=1$ だった系は，$\hat{Z}$ の測定をされると $z=1$ の状態か $z=-1$ の状態になりきってしまって，いわば，系はもともと $x=1$ の状態だったことを忘れてしまい，ゼロではない確率で $x=-1$ という結果を出すようになる**．「$x=1$ かつ $z=1$」というふうに $\hat{X}$, $\hat{Z}$ の両方の値が確定している状態が存在しないことの代償として，$\hat{Z}$ を測定してその値を確定させると $\hat{X}$ の値に関しては不確定状態になってしまうのである．$\mathbb{P}(z=1 \text{ かつ } x=1)$ のような結合確率は物理的意味がなく，$\mathbb{P}(z=1 \leftarrow x=1)$ のような遷移確率だけが意味を持つ．結果として，$\hat{X}$ を繰り返し測定した場合

の確率 (7.34), (7.35) と, $\hat{X}$ の 2 回測定の間に $\hat{Z}$ の測定を 1 回挟んだ場合の確率 (7.38) が異なるはめになる. このように「物理量 $\hat{Z}$ を測られると, 系は $\hat{Z}$ の測定値に応じた固有ベクトル状態になりきる」あるいは「測定という行いは, 系の状態を測定結果に合った状態に変えてしまう」ことを**波束の収縮** (reduction of wave packet) あるいは**射影仮説** (projection hypothesis) という.

【補足】ただし,「物理量 $\hat{A}$ を測って測定値 a が出ると, 系は $\hat{A}$ の固有値 a に属する固有ベクトル状態になりきる」と言えるのは**理想的な測定**の場合だけで, 実際の測定には測定誤差があり, 厳密な固有値は a なのに測定値は $a + \varepsilon$ にずれることがあるし, 測定後の状態も厳密には固有ベクトル状態ではないことがある. そのような一般の測定過程を数学的に扱う**量子測定理論** (quantum measurement theory) という理論があり, 近年さかんに研究されている.

7-3　干渉効果

2 つの固有状態 $|z_+\rangle$, $|z_-\rangle$ の重ね合わせ状態として

$$|\psi_\alpha\rangle = \frac{1}{\sqrt{2}}\Big(e^{i\alpha/2}|z_+\rangle + e^{-i\alpha/2}|z_-\rangle\Big) = \frac{1}{\sqrt{2}}\begin{pmatrix} e^{i\alpha/2} \\ e^{-i\alpha/2} \end{pmatrix} \tag{7.40}$$

で定められる状態ベクトル $|\psi_\alpha\rangle$ を考える. ここで α は任意の実数とする. $\langle\psi_\alpha|\psi_\alpha\rangle = 1$ であることはすぐに確認できる. この状態ベクトル $|\psi_\alpha\rangle$ において物理量 $\hat{Z}$ を測ったときに測定値 $z = \pm 1$ を得る確率は

$$\mathbb{P}(z = 1 \leftarrow \psi_\alpha) = \Big|\langle z_+|\psi_\alpha\rangle\Big|^2 = \Big|\frac{1}{\sqrt{2}}e^{i\alpha/2}\Big|^2 = \frac{1}{2}, \tag{7.41}$$

$$\mathbb{P}(z = -1 \leftarrow \psi_\alpha) = \Big|\langle z_-|\psi_\alpha\rangle\Big|^2 = \Big|\frac{1}{\sqrt{2}}e^{-i\alpha/2}\Big|^2 = \frac{1}{2} \tag{7.42}$$

となる. 従って (7.40) は $z = 1$ の状態と $z = -1$ の状態を半々の割合で重ね合わせた状態とみなせる.

状態 $|\psi_\alpha\rangle$ に対して $\hat{Z}$ を測定したら $z = 1$ を得て, さらに $\hat{X}$ を測定したら $x = 1$ を得る確率は

$$\mathbb{P}(x=1 \leftarrow z=1 \leftarrow \psi_\alpha) = \mathbb{P}(x=1 \leftarrow z=1) \cdot \mathbb{P}(z=1 \leftarrow \psi_\alpha)$$
$$= \left| \langle x_+|z_+ \rangle \right|^2 \cdot \left| \langle z_+|\psi_\alpha \rangle \right|^2$$
$$= \frac{1}{2} \cdot \frac{1}{2} = \frac{1}{4} \tag{7.43}$$

である．状態 $|\psi_\alpha\rangle$ に対して $\hat{Z}$ を測定したら $z=-1$ を得て，さらに $\hat{X}$ を測定したら $x=1$ を得る確率も，上の式とそっくりの計算により

$$\mathbb{P}(x=1 \leftarrow z=-1 \leftarrow \psi_\alpha) = \mathbb{P}(x=1 \leftarrow z=-1) \cdot \mathbb{P}(z=-1 \leftarrow \psi_\alpha)$$
$$= \left| \langle x_+|z_- \rangle \right|^2 \cdot \left| \langle z_-|\psi_\alpha \rangle \right|^2$$
$$= \frac{1}{2} \cdot \frac{1}{2} = \frac{1}{4} \tag{7.44}$$

である．状態 $|\psi_\alpha\rangle$ に対して $\hat{Z}$ を測定して $z=\pm1$ のいずれかの値を得たのち $\hat{X}$ を測定して最終的に $x=1$ を得る確率は

$$\mathbb{P}(x=1 \leftarrow z=\pm1 \leftarrow \psi_\alpha)$$
$$= \mathbb{P}(x=1 \leftarrow z=1 \leftarrow \psi_\alpha) + \mathbb{P}(x=1 \leftarrow z=-1 \leftarrow \psi_\alpha)$$
$$= \frac{1}{4} + \frac{1}{4} = \frac{1}{2} \tag{7.45}$$

となる．一方で，状態 $|\psi_\alpha\rangle$ に対して直接 $\hat{X}$ を測定して $x=1$ になる確率は

$$\mathbb{P}(x=1 \leftarrow \psi_\alpha)$$
$$= \left| \langle x_+|\psi_\alpha \rangle \right|^2$$
$$= \left| \frac{1}{2}(e^{i\alpha/2} + e^{-i\alpha/2}) \right|^2$$
$$= \frac{1}{4}(e^{i\alpha/2} + e^{-i\alpha/2})^* (e^{i\alpha/2} + e^{-i\alpha/2}) = \frac{1}{4}(e^{-i\alpha/2} + e^{i\alpha/2})(e^{i\alpha/2} + e^{-i\alpha/2})$$
$$= \frac{1}{4}(1 + 1 + e^{-i\alpha} + e^{i\alpha}) = \frac{1}{2}(1 + \cos\alpha) \tag{7.46}$$

となって，(7.45) と一致しない．

(7.45) で求めた確率は，途中 $z=1$ を経由する確率と $z=-1$ を経由する確率の単純な和であり，α の値に無関係につねに $\mathbb{P}(x=1 \leftarrow z=\pm1 \leftarrow \psi_\alpha) = \frac{1}{4} + \frac{1}{4} = \frac{1}{2}$

になった. それに対し (7.46) で求めた確率は, 途中で $\hat{Z}$ の値は測定せずに $x = 1$ の状態に到達する確率であり, $\mathbb{P}(x = 1 \leftarrow \psi_\alpha) = \frac{1}{2}(1 + \cos\alpha)$ になった. これは α の値に依存して $\frac{1}{2}$ よりも大きくなったり小さくなったりもする. $\cos\alpha > 0$ の場合は, 2 とおりの状態 $|z_+\rangle$, $|z_-\rangle$ に分けて足した確率 (7.45) よりも, 重ね合わせ状態 $e^{i\alpha/2}|z_+\rangle + e^{-i\alpha/2}|z_-\rangle$ のまま終状態に到達する確率 (7.46) の方が大きくなり, このことを「強め合いの干渉が起きている」という. 逆に $\cos\alpha < 0$ の場合は, (7.45) よりも (7.46) の方が小さくなり, このことを「打ち消し合いの干渉が起きている」という. これらをひっくるめて, **干渉効果** (interference effect) という.

「終状態の違い」という観点から (7.45) と (7.46) の違いを特徴づけることもできる. 確率 (7.45) は

$$\mathbb{P}(x = 1 \leftarrow z = \pm 1 \leftarrow \psi_\alpha) = \left|\langle x_+|z_+\rangle \cdot \langle z_+|\psi_\alpha\rangle\right|^2 + \left|\langle x_+|z_-\rangle \cdot \langle z_-|\psi_\alpha\rangle\right|^2 \quad (7.47)$$

に等しい. これは「見分けのつく終状態」に対する確率の計算規則 (1.16) と合致している. $\hat{Z}$ の測定は途中で行われているが $z = 1$ または $z = -1$ という測定記録は「測定器の終状態」として残るので, この場合は確率の足し算を行うのが正しい. 一方で, 確率 (7.46) は

$$\mathbb{P}(x = 1 \leftarrow \psi_\alpha) = \left|\langle x_+|z_+\rangle \cdot \langle z_+|\psi_\alpha\rangle + \langle x_+|z_-\rangle \cdot \langle z_-|\psi_\alpha\rangle\right|^2 \quad (7.48)$$

に等しい. この場合は, 終状態では $x = 1$ という記録のみが残り, 途中経路の見分けのつかない場合の確率振幅の足し算規則 (1.13) を適用するのが正しい.

7-4　干渉項としての非対角項

自己共役演算子である物理量 $\hat{A}$ と $\hat{B}$ は非可換だとする. そうすると $\hat{A}$ と $\hat{B}$ は同時対角化不可能であり, 物理量 $\hat{A}$ の異なる固有値 a_1, a_2 に属する固有ベクトル $|v_1\rangle, |v_2\rangle$ であって, $\langle v_1|\hat{B}|v_2\rangle \neq 0$ であるようなものが存在する (なぜそう

言えるのかは考えてみてほしい). $\langle v_1|\hat{B}|v_2\rangle \neq 0$ を $\hat{B}$ の**非対角項** (off-diagonal matrix element) という. エルミート共役の定義式 (3.35) と $\hat{B}$ が自己共役であるという仮定から

$$\langle v_2|\hat{B}|v_1\rangle = \langle v_1|\hat{B}^\dagger|v_2\rangle^* = \langle v_1|\hat{B}|v_2\rangle^* \tag{7.49}$$

が成り立つ. 複素係数 c_1, c_2 による重ね合わせ状態

$$|\psi\rangle = c_1|v_1\rangle + c_2|v_2\rangle \tag{7.50}$$

のノルムは

$$\langle\psi|\psi\rangle = |c_1|^2 + |c_2|^2 = 1 \tag{7.51}$$

とする. (3.95) で示したように自己共役演算子の異なる固有値に属する固有ベクトルは直交するので $\langle v_1|v_2\rangle = 0$ であり, $\hat{A}$ の期待値は

$$\begin{aligned}
\langle\psi|\hat{A}|\psi\rangle &= (c_1^*\langle v_1| + c_2^*\langle v_2|)\hat{A}(c_1|v_1\rangle + c_2|v_2\rangle)) \\
&= (c_1^*\langle v_1| + c_2^*\langle v_2|)(c_1\hat{A}|v_1\rangle + c_2\hat{A}|v_2\rangle) \\
&= (c_1^*\langle v_1| + c_2^*\langle v_2|)(c_1 a_1|v_1\rangle + c_2 a_2|v_2\rangle) \\
&= |c_1|^2 a_1 + |c_2|^2 a_2 \\
&= p_1 a_1 + p_2 a_2
\end{aligned} \tag{7.52}$$

である. 確率 $p_1 = |c_1|^2$ で $\hat{A}$ の測定値が a_1 になり, 確率 $p_2 = |c_2|^2$ で $\hat{A}$ の測定値が a_2 になると解釈すれば, これはたしかに $\hat{A}$ の期待値になっている. $c_1 = \sqrt{p_1}\,e^{i\theta_1}$, $c_2 = \sqrt{p_2}\,e^{i\theta_2}$ とおくと, $\hat{B}$ の期待値は

$$\begin{aligned}
\langle\psi|\hat{B}|\psi\rangle &= (c_1^*\langle v_1| + c_2^*\langle v_2|)\hat{B}(c_1|v_1\rangle + c_2|v_2\rangle)) \\
&= |c_1|^2\langle v_1|\hat{B}|v_1\rangle + |c_2|^2\langle v_2|\hat{B}|v_2\rangle + c_1^* c_2\langle v_1|\hat{B}|v_2\rangle + c_2^* c_1\langle v_2|\hat{B}|v_1\rangle \\
&= p_1\langle v_1|\hat{B}|v_1\rangle + p_2\langle v_2|\hat{B}|v_2\rangle \\
&\quad + \sqrt{p_1 p_2}\,e^{i(\theta_2-\theta_1)}\langle v_1|\hat{B}|v_2\rangle + \sqrt{p_1 p_2}\,e^{-i(\theta_2-\theta_1)}\langle v_2|\hat{B}|v_1\rangle
\end{aligned} \tag{7.53}$$

となる．式変形の最後の下から 2 行目に現れた $p_1\langle v_1|\hat{B}|v_1\rangle + p_2\langle v_2|\hat{B}|v_2\rangle$ という 2 つの項は確率 p_1 で状態 $|v_1\rangle$ になり，確率 p_2 で状態 $|v_2\rangle$ になるとした場合の物理量 $\hat{B}$ の期待値だと解釈できる．$\langle v_1|\hat{B}|v_2\rangle = |\langle v_1|\hat{B}|v_2\rangle|e^{i\alpha}$ とおく．不思議なのは最後の 2 項の和

$$\sqrt{p_1 p_2}\, e^{i(\theta_2 - \theta_1 + \alpha)}\big|\langle v_1|\hat{B}|v_2\rangle\big| + \sqrt{p_1 p_2}\, e^{-i(\theta_2 - \theta_1 + \alpha)}\big|\langle v_1|\hat{B}|v_2\rangle\big|$$
$$= 2\sqrt{p_1 p_2} \cdot \big|\langle v_1|\hat{B}|v_2\rangle\big| \cdot \cos(\theta_2 - \theta_1 + \alpha) \tag{7.54}$$

である．これを**干渉項** (interference term) という．これは，いま考えている状態 $|\psi\rangle$ が確率 p_1 で状態 $|v_1\rangle$ になり，確率 p_2 で状態 $|v_2\rangle$ になると考えたのでは説明のつかない項である．しかも位相差 $\theta_2 - \theta_1$ に依存して干渉項の値は大小変動し，正にも負にもなる．これも重ね合わせ状態をたんなる確率的な混合状態と考えたのでは説明のつかない，一種の干渉効果である．

7-5 物理量の和と値の和の不一致

式 (7.9) で定めたスピン演算子 $\hat{X}, \hat{Y}, \hat{Z}$ についてさらに考察を続ける．$\hat{X}, \hat{Y}$ の固有値（測定値）は 1 または -1 だった．そうすると，直観的には，

$$\hat{L} := \hat{X} + \hat{Y} = \begin{pmatrix} 0 & 1-i \\ 1+i & 0 \end{pmatrix} \tag{7.55}$$

の固有値は，（$\hat{X}$ の値）＋（$\hat{Y}$ の値）になりそうで，2 または 0 または -2 になることが予想される．しかし，$\hat{L}$ の固有値問題を解いてみると（各自解いてみてほしい），$\hat{L}$ の固有値は $\pm\sqrt{2}$ である．$\hat{X}$ を測れば，その値は確率的にばらつくかもしれないが，± 1 のどちらかである．$\hat{Y}$ を測っても，その値は ± 1 のどちらかである．しかし，$\hat{X} + \hat{Y}$ を測ると，その値は 2 にも 0 にも -2 にもならずに，$\pm\sqrt{2}$ のどちらかである．$1+1$ が 2 にならずに $\sqrt{2}$ になってしまったように見える．

さらに x, y, z を任意の実数として，

$$\hat{M} := x\hat{X} + y\hat{Y} + z\hat{Z} = \begin{pmatrix} z & x - iy \\ x + iy & -z \end{pmatrix} \tag{7.56}$$

という物理量を定めると，$\hat{X}, \hat{Y}, \hat{Z}$ の固有値は ± 1 なので，直観的には $\hat{M}$ の値は $\pm x \pm y \pm z$ で表される値になることが予想されるが，$\hat{M}$ の固有値問題を解いてみると（問 7-4 参照），$\hat{M}$ の固有値は $\pm\sqrt{x^2 + y^2 + z^2}$ であることがわかる．

これらの問題は，非可換物理量の和の値に関しては単純な数値の和の規則が成り立たないことを示している．標語的に言うと，**物理量 $\hat{A}$ と $\hat{B}$ が非可換だと，一般に $\hat{A} + \hat{B}$ の値は「$\hat{A}$ の値と $\hat{B}$ の値の和」に等しくない**．

もしも $\hat{A}$ と $\hat{B}$ が**可換**であれば，

$$\hat{A}|v\rangle = a|v\rangle, \qquad \hat{B}|v\rangle = b|v\rangle \tag{7.57}$$

を満たす同時固有ベクトル $|v\rangle$ が CONS をなすほど十分に数多く存在し，

$$(\hat{A} + \hat{B})|v\rangle = \hat{A}|v\rangle + \hat{B}|v\rangle = a|v\rangle + b|v\rangle = (a + b)|v\rangle \tag{7.58}$$

が成立する．つまり，$\hat{A}$ の値が a であるのと同時に $\hat{B}$ の値が b であり，$\hat{A} + \hat{B}$ の値は $a + b$ である．$\hat{A}$ と $\hat{B}$ が可換なら，$\hat{A}$ の値と $\hat{B}$ の値は同時に確定し，それぞれの値をそのまま足し算してよい（ただし物理量 $\hat{A}, \hat{B}$ の値は相関している可能性があり，すべての a の値とすべての b の値が独立に出現するわけではない）．

ところが非可換物理量に関しては，以上のような論法が成立しない．$\hat{A}$ と $\hat{B}$ が非可換であると，両方の同時固有ベクトルを集めて CONS を作ることができず，$\hat{A} = a$ かつ $\hat{B} = b$ になる結合確率 $\mathbb{P}(\hat{A} = a, \hat{B} = b)$ の総和が 1 になるような結合確率が存在しない．つまり，$\hat{A}$ の値と $\hat{B}$ の値を同時に矛盾なく指定し尽くすことができない．

複数の物理量がある場合は，各物理量を測定してそれぞれの値を確定させることはできるが，複数の非可換物理量の値が同時に存在すると仮定して値の足し算・掛け算などを計算しても，足し算・掛け算した物理量の正しい値にならない（問 8-1 を参照）．この性質は「不確定性関係」よりも深刻な「非可換物理

量の値の同時非実在性」と呼ばれる．不確定性関係なら，各物理量の値が確率的に揺らぐとしてもすべての物理量は固有値のどれかを値として持っているという意味に解されるが，**量子力学における非実在性関係はもっとシビアなものであり，一つの物理量の値を測定しているときは，それと非可換な物理量の値があるとは思ってはいけないというレベルなのである．**

以上のような量子力学の特質は，非可換物理量の値の同時非実在性，あるいは，**文脈依存性** (contextuality) と呼ばれ，**コッヘン・シュペッカーの定理** (Kochen-Specker theorem) や**ベルの不等式** (Bell's inequality) という形で理論的に定式化され，実験でも検証されている．

7-6　ロバートソンの不確定性関係

7-1 節で，2 つの物理量が非可換だと（雑に言うと）両方の物理量の値が確定した状態がないという不確定性関係が成り立つことを見た．では，$\hat{A}$ の確定状態ではなくかつ $\hat{B}$ の確定状態でもない一般の状態については，$\hat{A}$ の値の不確定さと $\hat{B}$ の値の不確定さの関係を言うことができないだろうか？と考えるのは自然な発想である．じつは $\hat{A}, \hat{B}$ の値の不確定さを定量的（数値的）に表現して，それらの不確定さの間の関係を数式（不等式）で表すことができる．それがこの節で示すロバートソンの不確定性関係 (7.63) である．

コーシー・シュワルツの不等式 (2.21) を再掲しておく．ヒルベルト空間の任意のベクトル $|\phi\rangle, |\chi\rangle$ のノルムと内積についてコーシー・シュワルツの不等式

$$\langle\phi|\phi\rangle\langle\chi|\chi\rangle \geq \left|\langle\phi|\chi\rangle\right|^2 \tag{7.59}$$

が成り立つ．(7.59) の等号が成立するのは，$|\phi\rangle = 0$ または $|\chi\rangle = t|\phi\rangle$ となるような複素数 t が存在するときだけである．

量子力学的な系では，同じ状態の系を多数用意して同じ物理量を測定しても，測定値は同一の値にならず，測るたびに異なった値を得ることがある．状態ベクトル $|\psi\rangle$ における物理量 $\hat{A}$ の測定値の平均値を (3.115) と同様に

$$\mathbb{E}[\hat{A}] = \langle \hat{A} \rangle := \langle \psi | \hat{A} | \psi \rangle \tag{7.60}$$

と書く．測定値と平均値の差の 2 乗平均

$$\mathbb{V}[\hat{A}] := \left\langle (\hat{A} - \langle \hat{A} \rangle)^2 \right\rangle \tag{7.61}$$

を $\hat{A}$ の**分散** (variance) といい，分散の平方根

$$\sigma(\hat{A}) := \sqrt{\mathbb{V}[\hat{A}]} = \sqrt{\langle (\hat{A} - \langle \hat{A} \rangle)^2 \rangle} \tag{7.62}$$

を $\hat{A}$ の**標準偏差** (standard deviation) という．なお，$\hat{A} - \langle \hat{A} \rangle$ は正確には $\hat{A} - \langle \hat{A} \rangle \hat{I}$ のことである（$\hat{I}$ は恒等演算子）．分散も標準偏差も「測定値のばらつきぐあい」，「不確定さ」の定量的な指標である．測定値が毎回同じ値なら，つまり，物理量の値が確定していれば，$\mathbb{V}[\hat{A}] = 0, \sigma(\hat{A}) = 0$ になる．

　自己共役演算子で表される任意の物理量 $\hat{A}, \hat{B}$ と任意の単位ベクトル状態 $|\psi\rangle$ について

$$\sigma(\hat{A}) \cdot \sigma(\hat{B}) \geq \frac{1}{2} \left| \langle [\hat{A}, \hat{B}] \rangle \right| \tag{7.63}$$

が成り立つ．これを**ロバートソンの不確定性関係** (uncertainty relation of Robertson) あるいは**ロバートソンの不等式**という．(7.63) を証明しよう．そのために

$$\Delta \hat{A} := \hat{A} - \langle \hat{A} \rangle \hat{I}, \tag{7.64}$$

$$\Delta \hat{B} := \hat{B} - \langle \hat{B} \rangle \hat{I}, \tag{7.65}$$

$$|\phi\rangle := \Delta \hat{A} |\psi\rangle, \tag{7.66}$$

$$|\chi\rangle := \Delta \hat{B} |\psi\rangle \tag{7.67}$$

をコーシー・シュワルツの不等式 (7.59) に代入すると，$\langle \phi | \chi \rangle = \langle \Delta \hat{A} \psi | \Delta \hat{B} \psi \rangle = \langle \psi | \Delta \hat{A}^{\dagger} \Delta \hat{B} | \psi \rangle = \langle \psi | \Delta \hat{A} \Delta \hat{B} | \psi \rangle$ に注意して

$$\langle \psi | (\Delta \hat{A})^2 | \psi \rangle \langle \psi | (\Delta \hat{B})^2 | \psi \rangle \geq \left| \langle \psi | \Delta \hat{A} \Delta \hat{B} | \psi \rangle \right|^2 \tag{7.68}$$

を得る．左辺に関しては標準偏差の定義 (7.62) から $\langle \psi | (\Delta \hat{A})^2 | \psi \rangle = \sigma(\hat{A})^2$ であ

る．(7.68) の右辺の中身は

$$\Delta\hat{A}\,\Delta\hat{B} = \frac{1}{2}\{\Delta\hat{A}, \Delta\hat{B}\} + \frac{1}{2}[\Delta\hat{A}, \Delta\hat{B}] \tag{7.69}$$

と書き直される．ここで $\{\hat{S}, \hat{T}\} = \hat{S}\hat{T} + \hat{T}\hat{S}$ という記法を使った．問 7-6 で見るように，$\{\Delta\hat{A}, \Delta\hat{B}\}$ は自己共役，$[\Delta\hat{A}, \Delta\hat{B}]$ は反自己共役なので，$\langle\psi|\{\Delta\hat{A}, \Delta\hat{B}\}|\psi\rangle$ は実数，$\langle\psi|[\Delta\hat{A}, \Delta\hat{B}]|\psi\rangle$ は純虚数になる．従って，

$$\left|\langle\psi|\Delta\hat{A}\,\Delta\hat{B}|\psi\rangle\right|^2 = \frac{1}{4}\langle\psi|\{\Delta\hat{A}, \Delta\hat{B}\}|\psi\rangle^2 + \frac{1}{4}\left|\langle\psi|[\Delta\hat{A}, \Delta\hat{B}]|\psi\rangle\right|^2 \tag{7.70}$$

となる．また，

$$[\Delta\hat{A}, \Delta\hat{B}] = [\hat{A}, \hat{B}] \tag{7.71}$$

もわかる．(7.68), (7.70), (7.71) および，$C := \langle\psi|\{\Delta\hat{A}, \Delta\hat{B}\}|\psi\rangle$ は実数なので $C^2 \geq 0$ であることから

$$\sigma(\hat{A})^2 \cdot \sigma(\hat{B})^2 \geq \frac{1}{4}C^2 + \frac{1}{4}\left|\langle\psi|[\Delta\hat{A}, \Delta\hat{B}]|\psi\rangle\right|^2 \geq \frac{1}{4}\left|\langle\psi|[\hat{A}, \hat{B}]|\psi\rangle\right|^2 \tag{7.72}$$

を得る．両辺の平方根をとると，

$$\sigma(\hat{A}) \cdot \sigma(\hat{B}) \geq \frac{1}{2}\left|\langle\psi|[\hat{A}, \hat{B}]|\psi\rangle\right| \tag{7.73}$$

となり，(7.63) が導かれた．

不等式 (7.73) の等号が成立する条件を考えよう．コーシー・シュワルツの不等式 (7.59) の等号が成立するのは，$|\phi\rangle = 0$ または $|\chi\rangle = t|\phi\rangle$ となるような複素数 t が存在するときだけだが，(7.66), (7.67) で $|\phi\rangle = \Delta\hat{A}|\psi\rangle$, $|\chi\rangle = \Delta\hat{B}|\psi\rangle$ とおいたので，$|\phi\rangle = 0$ は $\langle\phi|\phi\rangle = \sigma(\hat{A})^2 = 0$ と同等である．この場合は (7.73) の両辺が 0 になり，等号が成立する．

$|\chi\rangle = t|\phi\rangle$ となる複素数 t が存在するという条件は

$$\Delta\hat{B}|\psi\rangle = t \cdot \Delta\hat{A}|\psi\rangle$$
$$\left(\hat{B} - t\hat{A}\right)|\psi\rangle = \left(\langle\hat{B}\rangle - t\langle\hat{A}\rangle\right)|\psi\rangle \tag{7.74}$$

と書き直せる．さらに，(7.72) の等号が成立するためには $\langle\psi|\{\Delta\hat{A},\Delta\hat{B}\}|\psi\rangle = 0$ であることが必要であり，$|\chi\rangle = t|\phi\rangle$ すなわち $\Delta\hat{B}|\psi\rangle = t\Delta\hat{A}|\psi\rangle$ をブラベクトルに移すと $\langle\chi| = t^*\langle\phi|$ すなわち $\langle\psi|\Delta\hat{B} = t^*\langle\psi|\Delta\hat{A}$ なので，求めるべき条件は

$$
\begin{aligned}
0 &= \langle\psi|\{\Delta\hat{A},\Delta\hat{B}\}|\psi\rangle \\
&= \langle\psi|\Delta\hat{A}\,\Delta\hat{B}|\psi\rangle + \langle\psi|\Delta\hat{B}\,\Delta\hat{A}|\psi\rangle \\
&= t\cdot\langle\psi|\Delta\hat{A}\,\Delta\hat{A}|\psi\rangle + t^*\cdot\langle\psi|\Delta\hat{A}\,\Delta\hat{A}|\psi\rangle \\
&= (t+t^*)\langle\psi|\Delta\hat{A}^2|\psi\rangle
\end{aligned}
\tag{7.75}
$$

となる．もし $\sigma(\hat{A})^2 = \langle\psi|\Delta\hat{A}^2|\psi\rangle \neq 0$ なら，$t+t^* = 0$，すなわち，t は純虚数でなくてはならない．以上をまとめると，ロバートソンの不等式 (7.73) の等号が成立するのは，$\sigma(\hat{A}) = 0$ のとき，または，純虚数である $t = i\kappa$（κ は実数）によって関係式 (7.74) すなわち

$$
\left(\hat{B} - i\kappa\hat{A}\right)|\psi\rangle = \left(\langle\hat{B}\rangle - i\kappa\langle\hat{A}\rangle\right)|\psi\rangle
\tag{7.76}
$$

が成り立つときだけである．(7.76) は状態 $|\psi\rangle$ が，自己共役でない演算子 $\hat{K} := \hat{B} - i\kappa\hat{A}$ の固有ベクトルになっていることを意味している．(7.76) を実部 $\hat{B}|\psi\rangle = \langle\hat{B}\rangle|\psi\rangle$ と虚部 $\hat{A}|\psi\rangle = \langle\hat{A}\rangle|\psi\rangle$ の 2 つの等式に分けることが正当化されるなら，$|\psi\rangle$ は $\hat{A}$ と $\hat{B}$ の同時固有ベクトルであるが，一般には，$\hat{A}$ と $\hat{B}$ は非可換で同時対角化不可能であり，(7.76) を実部と虚部の等式に分けることは正当化されない．同時固有ベクトルもどきの等式 (7.76) を満たす $|\psi\rangle$ は**極小不確定性状態** (minimal uncertainty state) あるいは**一般コヒーレント状態** (generalized coherent state) という．

なお，以上の議論は，あくまでも「(7.76) を満たす $|\psi\rangle$ があれば，ロバートソンの不等式 (7.73) の等号が成立する」と言っているだけであり，等式 (7.76) を満たす $|\psi\rangle$ が存在することは保証していない．実数 κ をどう選んでも (7.76) を満たす $|\psi\rangle$ が存在しないかもしれず，その場合は不等式 (7.73) の等号は成立しない．

7-7　ケナードの不確定性関係

　前節では任意の物理量 $\hat{A}, \hat{B}$ の不確定性関係を述べた．粒子の位置 $\hat{X}$（スピンの $\hat{X}$ とは別物）と運動量 $\hat{P}$ は重要な物理量であり，ハイゼンベルクが最初に発見したのも位置と運動量の不確定性関係である．ただし，ハイゼンベルクが見つけたオリジナルバージョンは，ここに書く式 (7.77) とは別物である．

　位置 $\hat{X}$ と運動量 $\hat{P}$ は正準交換関係 $[\hat{X}, \hat{P}] = i\hbar\hat{I}$ を満たす．$\hat{A} = \hat{X}, \hat{B} = \hat{P}$ にロバートソンの不確定性関係 (7.73) を適用すると

$$\sigma(\hat{X}) \cdot \sigma(\hat{P}) \geq \frac{1}{2}\hbar \tag{7.77}$$

を得る．これをケナードの不確定性関係 (uncertainty relation of Kennard) あるいはケナードの不等式という．歴史的にはまずハイゼンベルクが発見法的な推論で不確定性関係に到達し，ケナードが $\hat{X}$ と $\hat{P}$ に特化した数学的方法で (7.77) を証明し，ワイルがコーシー・シュワルツ不等式を使えばケナードの不等式が簡単に導けることを指摘し，ロバートソンが一般の物理量に対して成り立つ (7.73) を証明した．不確定性関係を表す数式は，他にもいろいろな種類があり，それらの意味や妥当性については量子力学の成立期から現在に至るまで議論が続いている（参考文献 [28]『多様化する不確定性関係』）．

　ケナードの不確定性関係 $\sigma(\hat{X}) \cdot \sigma(\hat{P}) \geq \frac{1}{2}\hbar$ の右辺が 0 でない物理定数である点は注目すべきである．このことは，決して $\sigma(\hat{X}) = 0$ にはならないことを意味している．ヒルベルト空間中の単位ベクトルで表される物理的状態で，粒子の位置が確定しているような状態はないのである．

　$\hat{A} = \hat{X}$ と $\hat{B} = \hat{P}$ に対してはケナード・ロバートソンの不等式の等号成立条件 (7.76) は

$$\left(\hat{P} - iZ\hat{X}\right)|\psi\rangle = \left(\langle\hat{P}\rangle - iZ\langle\hat{X}\rangle\right)|\psi\rangle \tag{7.78}$$

と書ける．ここで Z はインピーダンスと呼ばれる実数定数である．条件式 (7.78) が等式 $\sigma(\hat{X}) \cdot \sigma(\hat{P}) = \frac{1}{2}\hbar$ が成立するための必要十分条件であり，これを満たす

状態 $|\psi\rangle$ も**極小不確定性状態**という．あるいは，後に説明する調和振動子の文脈では $|\psi\rangle$ は**コヒーレント状態** (coherent state) と呼ばれる．

極小不確定性状態の波動関数を具体的に求めよう．運動量の微分演算子表現 (3.23) を用いれば (7.78) は

$$\Big(- i\hbar \frac{\partial}{\partial x} - iZx \Big)\psi(x) = \Big(\langle \hat{P} \rangle - iZ\langle \hat{X} \rangle \Big)\psi(x)$$

$$\frac{\partial \psi}{\partial x} = \Big(\frac{i}{\hbar}\langle \hat{P} \rangle - \frac{Z}{\hbar}(x - \langle \hat{X} \rangle) \Big)\psi(x) \tag{7.79}$$

と書けて，この方程式の解は

$$\psi(x) = C \exp\Big[\frac{i}{\hbar}\langle \hat{P} \rangle x - \frac{Z}{2\hbar}(x - \langle \hat{X} \rangle)^2 \Big] \tag{7.80}$$

である．ただし，この関数の L^2 ノルムが有限であるためには $Z > 0$ でなくてはならない．

問 7-1. 演算子の交換子 $[\hat{A}, \hat{B}] = \hat{A}\hat{B} - \hat{B}\hat{A}$ は以下の性質を満たすことを示せ．ただし λ は任意の複素数とする．

$$[\hat{B}, \hat{A}] = -[\hat{A}, \hat{B}] \tag{7.81}$$

$$[\lambda\hat{A}, \hat{B}] = \lambda[\hat{A}, \hat{B}] \tag{7.82}$$

$$[\hat{A}, \lambda\hat{B}] = \lambda[\hat{A}, \hat{B}] \tag{7.83}$$

$$[\hat{A} + \hat{B}, \hat{C}] = [\hat{A}, \hat{C}] + [\hat{B}, \hat{C}] \tag{7.84}$$

$$[\hat{A}, \hat{B} + \hat{C}] = [\hat{A}, \hat{B}] + [\hat{A}, \hat{C}] \tag{7.85}$$

$$[\hat{A}, \hat{B}\hat{C}] = [\hat{A}, \hat{B}]\hat{C} + \hat{B}[\hat{A}, \hat{C}] \tag{7.86}$$

$$[\hat{A}\hat{B}, \hat{C}] = [\hat{A}, \hat{C}]\hat{B} + \hat{A}[\hat{B}, \hat{C}] \tag{7.87}$$

$$[\hat{A}, [\hat{B}, \hat{C}]] + [\hat{B}, [\hat{C}, \hat{A}]] + [\hat{C}, [\hat{A}, \hat{B}]] = 0 \tag{7.88}$$

$$[\hat{A}, \hat{B}]^{\dagger} = -[\hat{A}^{\dagger}, \hat{B}^{\dagger}] \tag{7.89}$$

性質 (7.86), (7.87) は**ライプニッツ則** (Leibniz rule) と呼ばれる．(7.88) は**ヤコビ律**とか**ヤコビの恒等式** (Jacobi identity) と呼ばれる．

問 7-2. (i) 次の演算子 $\hat{S}$ と $\hat{T}$ の交換子 $[\hat{S}, \hat{T}]$ を求めよ.

$$\hat{S} = \begin{pmatrix} 2 & 1 & 0 \\ 1 & 2 & 0 \\ 0 & 0 & 4 \end{pmatrix}, \qquad \hat{T} = \begin{pmatrix} 6 & -i & 0 \\ i & 6 & 0 \\ 0 & 0 & 8 \end{pmatrix} \tag{7.90}$$

(ii) $\hat{S}, \hat{T}$ の固有値と規格化された固有ベクトルをそれぞれすべて求めよ.

(iii) $\hat{S}$ と $\hat{T}$ の同時固有ベクトルがある. それを見つけよ.（補足コメント：2 つの自己共役演算子が非可換ならば同時固有ベクトルはまったくない, とは言えない. 2 つの物理量演算子が非可換だと, 同時固有ベクトルは少しはあるかもしれないが CONS をなすには足りない, と言う方が正しい.）

問 7-3. スピン演算子の積の式 (7.10)-(7.13) および交換子 (7.14) を確認せよ.

問 7-4. 任意の実数 x, y, z について定められる (7.56) の行列 $\hat{M} = x\hat{X} + y\hat{Y} + z\hat{Z}$ の固有値を求めよ.

問 7-5. 分散の定義式 (7.61) から

$$\mathbb{V}[\hat{A}] = \langle \hat{A}^2 \rangle - \langle \hat{A} \rangle^2 \tag{7.91}$$

が成り立つことを示せ.

問 7-6. 演算子 $\hat{A}, \hat{B}$ は自己共役とする.

(i) 期待値 $\langle \hat{A} \rangle = \langle \psi | \hat{A} | \psi \rangle$ は実数であることを証明せよ.

(ii) $\{\hat{A}, \hat{B}\} = \hat{A}\hat{B} + \hat{B}\hat{A}$ は自己共役であることを示せ. つまり, $(\hat{A}\hat{B} + \hat{B}\hat{A})^\dagger = \hat{A}\hat{B} + \hat{B}\hat{A}$ が成り立つことを示せ.

(iii) $[\hat{A}, \hat{B}]$ は反自己共役, つまり $[\hat{A}, \hat{B}]^\dagger = -[\hat{A}, \hat{B}]$ が成り立つことを示せ.

(iv) 期待値 $\langle \psi | [\hat{A}, \hat{B}] | \psi \rangle$ は純虚数であることを示せ.

問 7-7. 任意の正の実数 λ に対して以下の等式が成り立つことを示せ. とくに (7.92) の式はガウス積分と呼ばれる.

$$J(\lambda) := \int_{-\infty}^{\infty} e^{-\lambda x^2} dx = \sqrt{\frac{\pi}{\lambda}} \tag{7.92}$$

$$\int_{-\infty}^{\infty} x^2 e^{-\lambda x^2} dx = \frac{1}{2\lambda} \sqrt{\frac{\pi}{\lambda}} \tag{7.93}$$

$$\int_{-\infty}^{\infty} x e^{-\lambda x^2} dx = 0 \tag{7.94}$$

$$\int_{0}^{\infty} x e^{-\lambda x^2} dx = \frac{1}{2\lambda} \tag{7.95}$$

$$\int_{-\infty}^{\infty} x e^{-\lambda (x-a)^2} dx = a \sqrt{\frac{\pi}{\lambda}} \tag{7.96}$$

問 7-8. a, k は任意の実数，$b = \sqrt{\hbar/(2Z)}$ は正の実数として，極小不確定性状態 (7.80) の波動関数

$$\psi(x) = (2\pi b^2)^{-\frac{1}{4}} \cdot e^{-\frac{1}{4b^2}(x-a)^2 + ikx} \tag{7.97}$$

について以下の問いに答えよ．

(i) 関数 $\rho(x) := |\psi(x)|^2$ のグラフを描け．

(ii) 関数 $f(x) := \mathrm{Re}\,\psi(x)$ のグラフを描け．

(iii) 以下の式を計算せよ：

$$\langle \psi | \psi \rangle := \int_{-\infty}^{\infty} |\psi(x)|^2 \, dx \tag{7.98}$$

$$\langle \psi | \hat{X} | \psi \rangle := \int_{-\infty}^{\infty} \psi(x)^* \, x \, \psi(x) \, dx \tag{7.99}$$

$$\langle \psi | (\hat{X} - a)^2 | \psi \rangle := \int_{-\infty}^{\infty} \psi(x)^* (x - a)^2 \psi(x) \, dx \tag{7.100}$$

$$\langle \psi | \hat{P} | \psi \rangle := \int_{-\infty}^{\infty} \psi(x)^* \left(-i\hbar \frac{\partial}{\partial x} \right) \psi(x) \, dx \tag{7.101}$$

$$\langle \psi | (\hat{P} - \hbar k)^2 | \psi \rangle := \int_{-\infty}^{\infty} \psi(x)^* \left(-i\hbar \frac{\partial}{\partial x} - \hbar k \right)^2 \psi(x) \, dx. \tag{7.102}$$

以上の計算を終えると (7.97) の波動関数に関しては

$$\sigma(\hat{X}) = b, \qquad \sigma(\hat{P}) = \frac{\hbar}{2b} \tag{7.103}$$

であることがわかり，ケナードの不等式 (7.77) の等号

$$\sigma(\hat{X}) \cdot \sigma(\hat{P}) = \frac{\hbar}{2} \tag{7.104}$$

が成り立つことがチェックできる．波動関数 (7.97) は，山のような形の包絡線を持つ波動形状であることから**極小不確定性波束** (minimum uncertainty wave-packet) とも呼ばれる．ついでながら運動量と位置の不確定性の比は

$$\frac{\sigma(\hat{P})}{\sigma(\hat{X})} = \frac{\hbar}{2b^2} = Z \tag{7.105}$$

に等しい．

問 7-9. $\hat{P}, \hat{Q}$ が自己共役演算子であるとき，$\hat{A} = \hat{P} + i\hat{Q}$ とおくと，$[\hat{P}, \hat{Q}] = 0$ であることは $[\hat{A}, \hat{A}^\dagger] = 0$ であるための必要十分条件になっていることを証明せよ．

第 8 講

複合系とエンタングルメント

複合系とは，その名のとおり，複数の系を合わせた系である．多数の粒子からなる系は必然的に複合系であることから，複合系はきわめてありふれている．量子力学では複合系を記述するためにヒルベルト空間のテンソル積という数学的概念を用いる．テンソル積状態を重ね合わせた状態においては，2 つの系が古典力学では説明できない相関を持つことがあり，それを**量子もつれ状態**あるいは**エンタングル状態** (entangled state) と呼ぶ．また，量子もつれ状態に独特の性質を**エンタングルメント** (entanglement) という．エンタングルメントは量子コンピュータにおいて基本的なリソースとみなされており，近年，量子情報科学の興隆に伴って注目されている．

8-1　複合系

系 (system) という概念はいささか曖昧な概念だが，系というのは何らかの要素の集まりであり，要素間でエネルギーや物質や情報などのやりとりがあるが，系の外に出たり系の外から入って来たりするものは少なくて，おおよそ一定のひとまとまりと認められるようなものを指す．

世界は，ある系とその他の部分に分割できる．その他の部分は**外界**とか**環境** (environment) と呼ばれる．系と環境との境目は，便宜的・恣意的とも言えるし，自ずと定まるとも言える．

例えば，グラス（コップ）に入れられた水は，一つの系と言える．グラスの中の水は，水の分子の集まりであり，水分子たちは激しく動き回っていて，互

いにぶつかって運動量やエネルギーをやりとりしているが，水分子がグラスの外に出て行ってしまう頻度は小さい．結果的にグラスの中の水は一定の質量や体積や温度といった性質を持ち，それらは定量的に測ろうと思えば測れる．グラスの中の水に対して，その周りの空気は環境である．短時間であれば，グラスの水は，そこから何かが抜け出たり，そこに何かが入り込んだりはしない閉じた系（closed system, 孤立系, isolated system ともいう）とみなせる．

　長時間にわたって水を観察すれば，水の一部は蒸発したり，空気中の水蒸気が水に戻ったり，水に二酸化炭素が溶け込んだりするなどの変化が無視できなくなり，水だけを閉じた系とみなすことはできなくなる．また，水と周囲とのエネルギーのやりとりも起こる．外界との物質やエネルギーのやりとりが無視できない系を開いた系 (open system) という．

　ドアも窓も閉まっている部屋の中に水とグラスが置かれているなら，「グラス内の水やグラスそのものや室内の空気をひっくるめた部屋全体」を一つの系として扱った方がよい．水と空気を合わせた複合系（合成系ともいう．英語では composite system）を一つの系とみなし，水はこの複合系の部分系 (subsystem) だと言ってよい．

　物理的なシステムにしても，機械的なシステムや社会的なシステムにしても，系と系を合わせて一つの系として扱った方がよいような場面は珍しくない．いくつかの電子と原子核を合わせて一つの原子として考察してもよい．一体の動物であっても骨や筋肉や神経や内臓などの部分系からなる複合系だと言えるし，一つの臓器も多数の細胞からなるシステムである．また，部分系は空間的に分離している必要はない．例えば，空気の主成分は窒素と酸素であり，空気中で窒素と酸素は混じっているが，窒素ガスと酸素ガスを空気の部分系とみなしてもよい．また，電子には「位置」と「スピン」という自由度があるが，位置だけに関する自由度を一つの部分系とみなし，スピンだけに関する自由度を別の部分系とみなしてもよい．電子が移動する現象は電流として現れ，電子のスピンの向きがそろう現象は磁石として現れる．このように異質な挙動を示すシステムが空間的に共存している場合もある．

　本講は，二つあるいは多数の量子系を一つの系とみなして量子力学で記述す

る方法について解説する.

8-2　ヒルベルト空間のテンソル積

　番号 (1) を付けられた系（例えば原子核）と番号 (2) を付けられた系（例えば電子）とを合わせた複合系 (1)+(2) を量子力学で扱うやりかたを説明する. 量子力学では，系の状態はヒルベルト空間のベクトルで表され，系の物理量はヒルベルト空間上の演算子で表されるので，複合系を数学的に記述するためには，部分系のヒルベルト空間から複合系のヒルベルト空間を作る方法（ヒルベルト空間のテンソル積）と，部分系のヒルベルト空間上の演算子から複合系のヒルベルト空間上の演算子を作る方法（演算子のテンソル積）があればよい.

　系 (1) の状態はヒルベルト空間 $\mathscr{H}^{(1)}$ で表され，系 (2) の状態はヒルベルト空間 $\mathscr{H}^{(2)}$ で表されるとする. このとき，(1) と (2) を合わせた複合系の状態はテンソル積ヒルベルト空間 $\mathscr{H}^{(1)} \otimes \mathscr{H}^{(2)}$ で表される. これは以下のような手順で作られる.

　ヒルベルト空間 $\mathscr{H}^{(1)}$, $\mathscr{H}^{(2)}$ から 1 つずつ任意のベクトル（単位ベクトルでなくてもよい）を取って来て，$|\psi^{(1)}\rangle \in \mathscr{H}^{(1)}$ と $|\psi^{(2)}\rangle \in \mathscr{H}^{(2)}$ の**テンソル積** (tensor product)

$$|\psi^{(1)}\rangle \otimes |\psi^{(2)}\rangle \tag{8.1}$$

を定める. さしあたっては，$\otimes$ とは何かと考えず，たんなる記号と思って認めてほしい. また，任意の複素数 $c \in \mathbb{C}$ によるスカラー倍

$$c |\psi^{(1)}\rangle \otimes |\psi^{(2)}\rangle \tag{8.2}$$

も形式的に定めて，

$$(c|\psi^{(1)}\rangle) \otimes |\psi^{(2)}\rangle = |\psi^{(1)}\rangle \otimes (c|\psi^{(2)}\rangle) = c(|\psi^{(1)}\rangle \otimes |\psi^{(2)}\rangle) \tag{8.3}$$

は等しいと約束する. さらに $|\xi^{(1)}\rangle \in \mathscr{H}^{(1)}$ と $|\xi^{(2)}\rangle \in \mathscr{H}^{(2)}$ のテンソル積 $|\xi^{(1)}\rangle \otimes$

$|\xi^{(2)}\rangle$ も定めて,テンソル積ベクトル同士の和

$$|\psi^{(1)}\rangle \otimes |\psi^{(2)}\rangle + |\xi^{(1)}\rangle \otimes |\xi^{(2)}\rangle \tag{8.4}$$

も書いてよい.スカラー倍と和を繰り返して

$$c_1|\psi_1^{(1)}\rangle \otimes |\psi_1^{(2)}\rangle + c_2|\psi_2^{(1)}\rangle \otimes |\psi_2^{(2)}\rangle + \cdots + c_k|\psi_k^{(1)}\rangle \otimes |\psi_k^{(2)}\rangle \tag{8.5}$$

という元を定める.ここで $r = 1, 2, \cdots, k$ に対して $c_r \in \mathbb{C}$, $|\psi_r^{(1)}\rangle \in \mathscr{H}^{(1)}$, $|\psi_r^{(2)}\rangle \in \mathscr{H}^{(2)}$ である.(8.5) のような元全部の集合を $\mathscr{H}^{(1)} \otimes \mathscr{H}^{(2)}$ と書き,$\mathscr{H}^{(1)}$ と $\mathscr{H}^{(2)}$ の**テンソル積空間** (tensor product space) という.

　注意として,上ではテンソル積を構成するベクトルや空間に $|\psi^{(1)}\rangle \in \mathscr{H}^{(1)}$, $|\psi^{(2)}\rangle \in \mathscr{H}^{(2)}$ のように (1), (2) というラベルを付けたが,いつでもこのように数字で区別しなくてはならないわけではない.(1) 番の系のベクトルと空間を $|\alpha\rangle, |\beta\rangle \in \mathscr{H}$(花文字フォントの H)と書き,(2) 番の系のベクトルと空間を $|\phi\rangle, |\psi\rangle \in \mathscr{K}$(花文字フォントの K)と書くなどして文字記号を使い分けてもよい.例えば,c, d を複素数としてテンソル積空間 $\mathscr{H} \otimes \mathscr{K}$ の元を

$$c|\alpha\rangle \otimes |\phi\rangle + d|\beta\rangle \otimes |\psi\rangle \in \mathscr{H} \otimes \mathscr{K} \tag{8.6}$$

のように書いてもよい.いずれにしても,複合系が登場すると,これはどれの状態で,これはどれの物理量かといったことを見失わないようにしなくてはならないので,どうしても記法が煩雑になる.

8-3　テンソル積空間における内積と確率解釈

　2 つのケットベクトルのテンソル積を

$$|\Psi\rangle = |\psi^{(1)}\rangle \otimes |\psi^{(2)}\rangle \tag{8.7}$$

のように 1 つのケットベクトルとして表記する.これと別のテンソル積ベクトル

$$|\Theta\rangle = |\theta^{(1)}\rangle \otimes |\theta^{(2)}\rangle \tag{8.8}$$

との内積を

$$\langle\Theta|\Psi\rangle = \left(\langle\theta^{(1)}| \otimes \langle\theta^{(2)}|\right) \cdot \left(|\psi^{(1)}\rangle \otimes |\psi^{(2)}\rangle\right)$$
$$:= \langle\theta^{(1)}|\psi^{(1)}\rangle \cdot \langle\theta^{(2)}|\psi^{(2)}\rangle \tag{8.9}$$

で定める．数式の最後の行の $\langle\theta^{(1)}|\psi^{(1)}\rangle$ は $\mathscr{H}^{(1)}$ における内積で定まる複素数，$\langle\theta^{(2)}|\psi^{(2)}\rangle$ は $\mathscr{H}^{(2)}$ における内積で定まる複素数であり，最後の行は複素数同士の掛け算である．$\langle\theta^{(1)}|\psi^{(2)}\rangle$ のような "噛み合わない内積" は現れないことに注意してほしい．

テンソル積空間においても内積の基本的性質 (2.5)-(2.12) が成り立つことを要請する．つまり，

$$|\Phi\rangle = a|\phi^{(1)}\rangle \otimes |\phi^{(2)}\rangle + b|\psi^{(1)}\rangle \otimes |\psi^{(2)}\rangle, \tag{8.10}$$

$$|\Xi\rangle = c|\xi^{(1)}\rangle \otimes |\xi^{(2)}\rangle + d|\theta^{(1)}\rangle \otimes |\theta^{(2)}\rangle \tag{8.11}$$

の内積は

$$\langle\Xi|\Phi\rangle = \left(c^*\langle\xi^{(1)}| \otimes \langle\xi^{(2)}| + d^*\langle\theta^{(1)}| \otimes \langle\theta^{(2)}|\right)$$
$$\cdot \left(a|\phi^{(1)}\rangle \otimes |\phi^{(2)}\rangle + b|\psi^{(1)}\rangle \otimes |\psi^{(2)}\rangle\right)$$
$$:= c^*a\langle\xi^{(1)}|\phi^{(1)}\rangle \cdot \langle\xi^{(2)}|\phi^{(2)}\rangle + c^*b\langle\xi^{(1)}|\psi^{(1)}\rangle \cdot \langle\xi^{(2)}|\psi^{(2)}\rangle$$
$$+ d^*a\langle\theta^{(1)}|\phi^{(1)}\rangle \cdot \langle\theta^{(2)}|\phi^{(2)}\rangle + d^*b\langle\theta^{(1)}|\psi^{(1)}\rangle \cdot \langle\theta^{(2)}|\psi^{(2)}\rangle \tag{8.12}$$

と定める．さらに一般に

$$|\Xi\rangle = \sum_{r=1}^{\ell} c_r|\xi_r^{(1)}\rangle \otimes |\xi_r^{(2)}\rangle, \qquad |\Phi\rangle = \sum_{s=1}^{m} a_s|\phi_s^{(1)}\rangle \otimes |\phi_s^{(2)}\rangle \tag{8.13}$$

の内積を

$$\langle\Xi|\Phi\rangle := \sum_{r=1}^{\ell}\sum_{s=1}^{m} c_r^* a_s \langle\xi_r^{(1)}|\phi_s^{(1)}\rangle \cdot \langle\xi_r^{(2)}|\phi_s^{(2)}\rangle \tag{8.14}$$

と定める．(8.13) のベクトル $|\varPhi\rangle$ のノルム2乗は，(2.14) と同様に内積を使って

$$\left\| |\varPhi\rangle \right\|^2 := \langle\varPhi|\varPhi\rangle = \sum_{r=1}^{m}\sum_{s=1}^{m} a_r^* \, a_s \langle\phi_r^{(1)}|\phi_s^{(1)}\rangle \cdot \langle\phi_r^{(2)}|\phi_s^{(2)}\rangle \tag{8.15}$$

で定める．そうすると複合系において $\langle\varPhi|\varPhi\rangle = 1$，$\langle\varXi|\varXi\rangle = 1$ を満たす状態 $|\varPhi\rangle$ から状態 $|\varXi\rangle$ に遷移する確率は，**ボルンの確率公式**

$$\mathbb{P}\big(|\varXi\rangle \leftarrow |\varPhi\rangle\big) = \left| \langle\varXi|\varPhi\rangle \right|^2 \tag{8.16}$$

で与えられる．

8-4　演算子のテンソル積

次に部分系の物理量から複合系の物理量を定めるやり方を考える．2つの量子力学系があるときに系 (1) の物理量 $\hat{A}^{(1)}$ に比例し，かつ，系 (2) の物理量 $\hat{A}^{(2)}$ にも比例する物理量として演算子のテンソル積 $\hat{A}^{(1)} \otimes \hat{A}^{(2)}$ を定める．量子力学においては，系 (1) の物理量 $\hat{A}^{(1)}$ はヒルベルト空間 $\mathscr{H}^{(1)}$ 上の演算子，系 (2) の物理量 $\hat{A}^{(2)}$ はヒルベルト空間 $\mathscr{H}^{(2)}$ 上の演算子である．このとき，**演算子のテンソル積** $\hat{A}^{(1)} \otimes \hat{A}^{(2)}$ を，複合系のテンソル積ベクトル $|\varPsi\rangle = |\psi^{(1)}\rangle \otimes |\psi^{(2)}\rangle$ に

$$\big(\hat{A}^{(1)} \otimes \hat{A}^{(2)}\big)\big(|\psi^{(1)}\rangle \otimes |\psi^{(2)}\rangle\big) := \big(\hat{A}^{(1)}|\psi^{(1)}\rangle\big) \otimes \big(\hat{A}^{(2)}|\psi^{(2)}\rangle\big) \tag{8.17}$$

のように作用するものと定める．テンソル積空間 $\mathscr{H}^{(1)} \otimes \mathscr{H}^{(2)}$ の一般のベクトル

$$|\varPhi\rangle = \sum_{s=1}^{m} a_s |\phi_s^{(1)}\rangle \otimes |\phi_s^{(2)}\rangle \tag{8.18}$$

への $\hat{A}^{(1)} \otimes \hat{A}^{(2)}$ の作用は

$$\hat{A}^{(1)} \otimes \hat{A}^{(2)} |\varPhi\rangle := \sum_{s=1}^{m} a_s \big(\hat{A}^{(1)}|\phi_s^{(1)}\rangle\big) \otimes \big(\hat{A}^{(2)}|\phi_s^{(2)}\rangle\big) \tag{8.19}$$

で定める．このように演算子のテンソル積を定めると，$\mathscr{H}^{(1)}$ 上の任意の演算子 $\hat{A}^{(1)}, \hat{B}^{(1)}$ と $\mathscr{H}^{(2)}$ 上の任意の演算子 $\hat{A}^{(2)}, \hat{B}^{(2)}$ や任意の複素数 c に対して

$$\left(\hat{A}^{(1)} + \hat{B}^{(1)}\right) \otimes \hat{A}^{(2)} = \hat{A}^{(1)} \otimes \hat{A}^{(2)} + \hat{B}^{(1)} \otimes \hat{A}^{(2)}, \tag{8.20}$$

$$\hat{A}^{(1)} \otimes \left(\hat{A}^{(2)} + \hat{B}^{(2)}\right) = \hat{A}^{(1)} \otimes \hat{A}^{(2)} + \hat{A}^{(1)} \otimes \hat{B}^{(2)}, \tag{8.21}$$

$$\left(c\hat{A}^{(1)}\right) \otimes \hat{A}^{(2)} = \hat{A}^{(1)} \otimes (c\hat{A}^{(2)}) = c\,\hat{A}^{(1)} \otimes \hat{A}^{(2)} \tag{8.22}$$

が成り立つ．これらの性質は**双線形性** (bilinearity) と総称される．また，演算子のテンソル積の積に関して

$$\left(\hat{A}^{(1)} \otimes \hat{A}^{(2)}\right)\left(\hat{B}^{(1)} \otimes \hat{B}^{(2)}\right) = \left(\hat{A}^{(1)}\hat{B}^{(1)}\right) \otimes \left(\hat{A}^{(2)}\hat{B}^{(2)}\right) \tag{8.23}$$

が成り立つ．

なお，ベクトルを書き並べる順番を保ってさえいれば (1), (2) などの番号をいちいち書く必要はなく，(8.17) の代わりに

$$\hat{A} \otimes \hat{B}|\Psi\rangle = \left(\hat{A} \otimes \hat{B}\right)\left(|\phi\rangle \otimes |\psi\rangle\right) := \left(\hat{A}|\phi\rangle\right) \otimes \left(\hat{B}|\psi\rangle\right) \tag{8.24}$$

のように書いてもよい．ただし $|\phi\rangle \in \mathscr{H}^{(1)}$, $|\psi\rangle \in \mathscr{H}^{(2)}$ であり，$\hat{A}$ は $\mathscr{H}^{(1)}$ 上の演算子，$\hat{B}$ は $\mathscr{H}^{(2)}$ 上の演算子である．$\mathscr{H}^{(1)}$ 上の恒等演算子 $\hat{I}^{(1)}$, $\mathscr{H}^{(2)}$ 上の恒等演算子 $\hat{I}^{(2)}$ およびそれらのテンソル積 $\hat{I}^{(1)} \otimes \hat{I}^{(2)}$ も，前後関係から識別できるなら，いずれも $\hat{I}$ と書いてよい．さらに，作用する相手のヒルベルト空間を見失わなければ演算子のテンソル積記号 $\otimes$ を省略してもよいし，積の順番を入れ替えてもよい：

$$\hat{A} \otimes \hat{B} = \hat{A}\hat{B} = \hat{B}\hat{A}. \tag{8.25}$$

作用先のヒルベルト空間を区別する番号と恒等演算子を補って書くと，これは

$$\hat{A} \otimes \hat{B} = (\hat{A}^{(1)} \otimes \hat{I}^{(2)})(\hat{I}^{(1)} \otimes \hat{B}^{(2)}) = (\hat{I}^{(1)} \otimes \hat{B}^{(2)})(\hat{A}^{(1)} \otimes \hat{I}^{(2)}) \tag{8.26}$$

の意である．また，

$$\hat{A} + \hat{B} = (\hat{A}^{(1)} \otimes \hat{I}^{(2)}) + (\hat{I}^{(1)} \otimes \hat{B}^{(2)}) \tag{8.27}$$

と書いてもよい．この演算子はベクトル $|\Psi\rangle = |\phi\rangle \otimes |\psi\rangle$ に

$$(\hat{A} + \hat{B})|\Psi\rangle = (\hat{A} + \hat{B})(|\phi\rangle \otimes |\psi\rangle) := (\hat{A}|\phi\rangle) \otimes |\psi\rangle + |\phi\rangle \otimes (\hat{B}|\psi\rangle) \qquad (8.28)$$

のように作用する．

　また，テンソル積は2つのヒルベルト空間にとどまらず，3つ，4つ，任意の個数のヒルベルト空間のテンソル積 $\mathscr{H}^{(1)} \otimes \mathscr{H}^{(2)} \otimes \cdots \otimes \mathscr{H}^{(k)}$ もほぼ同様に定められるし，k 個の演算子のテンソル積も定められる．

8-5　テンソル積の成分表示

　ベクトルや演算子のテンソル積は具体的な数の掛け算で表すことができる．例えば $\mathscr{H}^{(1)} = \mathbb{C}^3$, $\mathscr{H}^{(2)} = \mathbb{C}^2$ として $|\phi\rangle \in \mathbb{C}^3$ と $|\psi\rangle \in \mathbb{C}^2$ のテンソル積は

$$|\phi\rangle \otimes |\psi\rangle = \begin{pmatrix} a \\ b \\ c \end{pmatrix} \otimes \begin{pmatrix} x \\ y \end{pmatrix} = \begin{pmatrix} a\begin{pmatrix} x \\ y \end{pmatrix} \\ b\begin{pmatrix} x \\ y \end{pmatrix} \\ c\begin{pmatrix} x \\ y \end{pmatrix} \end{pmatrix} = \begin{pmatrix} ax \\ ay \\ bx \\ by \\ cx \\ cy \end{pmatrix} \qquad (8.29)$$

という6次元ベクトルになる．ここで a, b, c, x, y は任意の複素数である．任意の複素数 λ によるスカラー倍は

$$\lambda|\phi\rangle \otimes |\psi\rangle = \lambda\begin{pmatrix} a \\ b \\ c \end{pmatrix} \otimes \begin{pmatrix} x \\ y \end{pmatrix} = \begin{pmatrix} \lambda a \\ \lambda b \\ \lambda c \end{pmatrix} \otimes \begin{pmatrix} x \\ y \end{pmatrix} = \begin{pmatrix} a \\ b \\ c \end{pmatrix} \otimes \begin{pmatrix} \lambda x \\ \lambda y \end{pmatrix} = \begin{pmatrix} \lambda ax \\ \lambda ay \\ \lambda bx \\ \lambda by \\ \lambda cx \\ \lambda cy \end{pmatrix}$$

$$(8.30)$$

に等しい. テンソル積の和は

$$
\begin{pmatrix} a \\ b \\ c \end{pmatrix} \otimes \begin{pmatrix} x \\ y \end{pmatrix} + \begin{pmatrix} d \\ e \\ f \end{pmatrix} \otimes \begin{pmatrix} u \\ v \end{pmatrix} = \begin{pmatrix} ax \\ ay \\ bx \\ by \\ cx \\ cy \end{pmatrix} + \begin{pmatrix} du \\ dv \\ eu \\ ev \\ fu \\ fv \end{pmatrix} = \begin{pmatrix} ax + du \\ ay + dv \\ bx + eu \\ by + ev \\ cx + fu \\ cy + fv \end{pmatrix} \tag{8.31}
$$

となる. (8.29) のケットベクトルに対して共役なブラベクトルは

$$
\begin{aligned}
\langle \phi | \otimes \langle \psi | &= (a^*, b^*, c^*) \otimes (x^*, y^*) \\
&= (a^*(x^*, y^*), b^*(x^*, y^*), c^*(x^*, y^*)) \\
&= (a^* x^*, a^* y^*, b^* x^*, b^* y^*, c^* x^*, c^* y^*)
\end{aligned} \tag{8.32}
$$

という 6 次元の横ベクトルになる. 同様に 3 つ以上のヒルベルト空間のテンソル積も成分表示できる. 例えば $\mathbb{C}^3 \otimes \mathbb{C}^2 \otimes \mathbb{C}^4$ のベクトル

$$
\begin{pmatrix} a_1 \\ a_2 \\ a_3 \end{pmatrix} \otimes \begin{pmatrix} b_1 \\ b_2 \end{pmatrix} \otimes \begin{pmatrix} c_1 \\ c_2 \\ c_3 \\ c_4 \end{pmatrix} \tag{8.33}
$$

がどんなものになるか考えてみてほしい. 結果は 24 次元ベクトルになる. テンソル積の成分計算は難しくはないが, 式が長くなる.

　演算子のテンソル積は, 具体的には行列のテンソル積によって表示される. 例えば $\mathscr{H}^{(1)} = \mathbb{C}^2$, $\mathscr{H}^{(2)} = \mathbb{C}^2$ として, $\mathscr{H}^{(1)}$, $\mathscr{H}^{(2)}$ 上の演算子を

$$
\hat{A}^{(1)} = \begin{pmatrix} a & c \\ b & d \end{pmatrix}, \qquad \hat{A}^{(2)} = \begin{pmatrix} p & r \\ q & s \end{pmatrix} \tag{8.34}
$$

(ただし $a, b, c, \cdots$ などは任意の複素数) とすると, これらのテンソル積は

$$
\hat{A}^{(1)} \otimes \hat{A}^{(2)} = \begin{pmatrix} a & c \\ b & d \end{pmatrix} \otimes \begin{pmatrix} p & r \\ q & s \end{pmatrix}
$$

$$
= \begin{pmatrix} a\begin{pmatrix} p & r \\ q & s \end{pmatrix} & c\begin{pmatrix} p & r \\ q & s \end{pmatrix} \\[16pt] b\begin{pmatrix} p & r \\ q & s \end{pmatrix} & d\begin{pmatrix} p & r \\ q & s \end{pmatrix} \end{pmatrix}
$$

$$
= \begin{pmatrix} ap & ar & cp & cr \\ aq & as & cq & cs \\ bp & br & dp & dr \\ bq & bs & dq & ds \end{pmatrix} \tag{8.35}
$$

という $\mathbb{C}^2 \otimes \mathbb{C}^2 = \mathbb{C}^4$ 上の演算子になる.

8-6 エンタングル状態

量子系の複合系はテンソル積で記述できることを見てきたが,ここではその物理的意味を検討しよう.テンソル積状態 $|\Psi\rangle = |\psi^{(1)}\rangle \otimes |\psi^{(2)}\rangle$ は,「系 (1) は $|\psi^{(1)}\rangle$ の状態にあり,かつ,系 (2) は $|\psi^{(2)}\rangle$ の状態にある」という複合系の状態を表している.

注目すべきは,テンソル積状態の重ね合わせ状態

$$
|\Phi\rangle = c|\alpha^{(1)}\rangle \otimes |\alpha^{(2)}\rangle + d|\beta^{(1)}\rangle \otimes |\beta^{(2)}\rangle \tag{8.36}
$$

である.ここで

$$
\langle \alpha^{(1)}|\alpha^{(1)}\rangle = \langle \beta^{(1)}|\beta^{(1)}\rangle = \langle \alpha^{(2)}|\alpha^{(2)}\rangle = \langle \beta^{(2)}|\beta^{(2)}\rangle = 1, \tag{8.37}
$$

$$
\langle \alpha^{(1)}|\beta^{(1)}\rangle = \langle \alpha^{(2)}|\beta^{(2)}\rangle = 0 \tag{8.38}
$$

を仮定すると,

$$
\left\| |\Phi\rangle \right\|^2 = \langle \Phi|\Phi\rangle = |c|^2 + |d|^2 \tag{8.39}
$$

となる.規格化条件 $|c|^2 + |d|^2 = 1$ を要請しておく.状態 $|\Phi\rangle$ からいろいろな状

態への遷移確率を計算すると，

$$\mathbb{P}\Big(|\alpha^{(1)}\rangle \otimes |\alpha^{(2)}\rangle \leftarrow |\Phi\rangle\Big) = \Big|(\langle\alpha^{(1)}| \otimes \langle\alpha^{(2)}|)\cdot|\Phi\rangle\Big|^2 = |c|^2, \tag{8.40}$$

$$\mathbb{P}\Big(|\alpha^{(1)}\rangle \otimes |\beta^{(2)}\rangle \leftarrow |\Phi\rangle\Big) = \Big|(\langle\alpha^{(1)}| \otimes \langle\beta^{(2)}|)\cdot|\Phi\rangle\Big|^2 = 0, \tag{8.41}$$

$$\mathbb{P}\Big(|\beta^{(1)}\rangle \otimes |\alpha^{(2)}\rangle \leftarrow |\Phi\rangle\Big) = \Big|(\langle\beta^{(1)}| \otimes \langle\alpha^{(2)}|)\cdot|\Phi\rangle\Big|^2 = 0, \tag{8.42}$$

$$\mathbb{P}\Big(|\beta^{(1)}\rangle \otimes |\beta^{(2)}\rangle \leftarrow |\Phi\rangle\Big) = \Big|(\langle\beta^{(1)}| \otimes \langle\beta^{(2)}|)\cdot|\Phi\rangle\Big|^2 = |d|^2 \tag{8.43}$$

となる．系 (1) の状態は $|\alpha^{(1)}\rangle$ か $|\beta^{(1)}\rangle$ のどちらかであり，系 (2) の状態は $|\alpha^{(2)}\rangle$ か $|\beta^{(2)}\rangle$ のどちらかである．しかも，「系 (1) の状態が $|\alpha^{(1)}\rangle$ かつ系 (2) の状態が $|\beta^{(2)}\rangle$」に遷移する確率は 0 である．従って，系 (1) の状態が $|\alpha^{(1)}\rangle$ ならば系 (2) の状態は確実に $|\alpha^{(2)}\rangle$ である．同様に，系 (1) の状態が $|\beta^{(1)}\rangle$ ならば系 (2) の状態は確実に $|\beta^{(2)}\rangle$ である．逆に，系 (2) の状態を観測して $|\alpha^{(2)}\rangle$ か $|\beta^{(2)}\rangle$ のどちらかに決まれば，それに応じて系 (1) の状態も $|\alpha^{(1)}\rangle$ か $|\beta^{(1)}\rangle$ のどちらかに決まる．このように，(8.36) の状態に対しては，**部分系 (1) だけを見ている観測者が部分系 (2) の状態を一意的に決められる**（ピタリと言い当たることができる）し，逆に，**部分系 (2) だけを見ている観測者が部分系 (1) の状態を一意的に決められる**．このような**相関** (correlation) あるいは**連動性**を持つ (8.36) の状態を，**量子もつれ状態**あるいは**エンタングル状態**という．

　エンタングル状態には「ただもの」ではない深い物理的意義があるのだが，その意味を掘り下げようとするとなかなか話が長くなる．問 8-1 でエンタングル状態の奇妙な一面を見ることができるので，ぜひこの問題に取り組んでみてほしい．

問 8-1. ヒルベルト空間 $\mathscr{H}^{(1)} = \mathbb{C}^2$, $\mathscr{H}^{(2)} = \mathbb{C}^2$ 上の演算子として (7.9) と同じ $\hat{X}^{(1)}, \hat{Y}^{(1)}, \hat{Z}^{(1)}$, $\hat{X}^{(2)}, \hat{Y}^{(2)}, \hat{Z}^{(2)}$ を定める．また実数の組 $\boldsymbol{a} = (a_x, a_y, a_z)$, $\boldsymbol{u} = (u_x, u_y, u_z)$ に対して

$$\hat{A}^{(1)} := a_x\hat{X}^{(1)} + a_y\hat{Y}^{(1)} + a_z\hat{Z}^{(1)} = \begin{pmatrix} a_z & a_x - ia_y \\ a_x + ia_y & -a_z \end{pmatrix} \tag{8.44}$$

$$\hat{U}^{(2)} := u_x \hat{X}^{(2)} + u_y \hat{Y}^{(2)} + u_z \hat{Z}^{(2)} = \begin{pmatrix} u_z & u_x - iu_y \\ u_x + iu_y & -u_z \end{pmatrix} \tag{8.45}$$

$$\|\boldsymbol{a}\| := \sqrt{a_x^2 + a_y^2 + a_z^2} \tag{8.46}$$

$$\|\boldsymbol{u}\| := \sqrt{u_x^2 + u_y^2 + u_z^2} \tag{8.47}$$

とおく.

(i) $\hat{A}^{(1)}$ の固有値は $\pm\|\boldsymbol{a}\|$ であることを示せ.（問 7-4 と同じ問題である. 同様に, $\hat{U}^{(2)}$ の固有値は $\pm\|\boldsymbol{u}\|$ であることがわかる. 従って, $\hat{A}^{(1)} \otimes \hat{U}^{(2)}$ の固有値は $\pm\|\boldsymbol{a}\| \cdot \|\boldsymbol{u}\|$ である.）

(ii) $\mathscr{H}^{(1)} \otimes \mathscr{H}^{(2)}$ の元として

$$|\Psi\rangle := \frac{1}{\sqrt{2}} \begin{pmatrix} 1 \\ 0 \end{pmatrix} \otimes \begin{pmatrix} 0 \\ 1 \end{pmatrix} - \frac{1}{\sqrt{2}} \begin{pmatrix} 0 \\ 1 \end{pmatrix} \otimes \begin{pmatrix} 1 \\ 0 \end{pmatrix} \tag{8.48}$$

とおく. $\hat{A}^{(1)}$ の期待値を計算して

$$\langle\Psi|\hat{A}^{(1)}|\Psi\rangle = 0 \tag{8.49}$$

となることを示せ.（従って, 状態 $|\Psi\rangle$ において物理量 $\hat{A}^{(1)}$ の測定値として $+\|\boldsymbol{a}\|$ を得る確率も $-\|\boldsymbol{a}\|$ を得る確率も等しく $\frac{1}{2}$ である.）同様に $\langle\Psi|\hat{U}^{(2)}|\Psi\rangle = 0$ も示せ.

(iii) $\hat{A}^{(1)} \otimes \hat{U}^{(2)}$ の期待値を計算して

$$\langle\Psi|\hat{A}^{(1)} \otimes \hat{U}^{(2)}|\Psi\rangle = -(a_x u_x + a_y u_y + a_z u_z) = -\boldsymbol{a} \cdot \boldsymbol{u} \tag{8.50}$$

となることを示せ.

(iv) $\boldsymbol{a} \cdot \boldsymbol{u} = \|\boldsymbol{a}\| \cdot \|\boldsymbol{u}\| \cos\alpha$ とおいて, $\hat{A}$ の測定値と $\hat{U}$ の測定値が同符号である確率が

$$\mathbb{P}_{(++)} + \mathbb{P}_{(--)} = \frac{1}{2}(1 - \cos\alpha) \tag{8.51}$$

に等しく, $\hat{A}$ の測定値と $\hat{U}$ の測定値が異符号である確率が

$$\mathbb{P}_{(+-)} + \mathbb{P}_{(-+)} = \frac{1}{2}(1 + \cos\alpha) \tag{8.52}$$

となることを示せ. とくに $\alpha = 0$ に選ぶと確率 $\mathbb{P}_{(++)} + \mathbb{P}_{(--)} = 0$, $\mathbb{P}_{(+-)} + \mathbb{P}_{(-+)} = 1$ であり, $\hat{A}^{(1)}$ の測定値と $\hat{U}^{(2)}$ の測定値は 100 パーセントの確率で異符号である. この場合, $\hat{A}^{(1)}$ を測定する観測者は, 測定結果として $+\|\boldsymbol{a}\|$ を得れば, $\hat{U}^{(2)}$ を測定しなくてもその測定結果は確実に $-\|\boldsymbol{u}\|$ になることを予言できる.

(v) 量子力学からいったん離れて, A, B, U, V は ± 1 の値をとる変数とし,

$$S := AU + AV + BU - BV \tag{8.53}$$

とおくと, S がとりうる値は ± 2 であることを示せ. また, 古典物理学的な確率論に従って A, B, U, V はある確率で ± 1 の値をとるとすれば, S の期待値は

$$-2 \leq \langle S \rangle \leq 2 \tag{8.54}$$

を満たすことを示せ. (8.54) は, **ベルの不等式** (Bell's inequality) をクラウザー, ホーン, シモニー, ホルト (Clauser, Horne, Shimony, Holt) の 4 人が作り変えたものであり, **CHSH の不等式** (CHSH inequality) と呼ばれている.

(vi) 系 (1) の物理量 $\hat{A}, \hat{B}$ と, 系 (2) の物理量 $\hat{U}, \hat{V}$ を

$$\hat{A} = \hat{X}^{(1)}, \qquad \hat{U} = \frac{1}{\sqrt{2}}(-\hat{X}^{(2)} - \hat{Y}^{(2)}),$$
$$\hat{B} = \hat{Y}^{(1)}, \qquad \hat{V} = \frac{1}{\sqrt{2}}(-\hat{X}^{(2)} + \hat{Y}^{(2)}) \tag{8.55}$$

とおく. これらの固有値はいずれも ± 1 である. また, 状態 $|\Psi\rangle$ におけるこれら各物理量の期待値はいずれも 0 である. つまり, ± 1 の測定値の出現確率はいずれも $\frac{1}{2}$ である. (8.50) の結果を使って

$$\langle \hat{S} \rangle := \langle \Psi | \hat{A} \otimes \hat{U} | \Psi \rangle + \langle \Psi | \hat{A} \otimes \hat{V} | \Psi \rangle + \langle \Psi | \hat{B} \otimes \hat{U} | \Psi \rangle - \langle \Psi | \hat{B} \otimes \hat{V} | \Psi \rangle \tag{8.56}$$

を求めよ. $\langle \hat{S} \rangle$ の値は CHSH の不等式 (8.54) を満たしているか? この結果をどう解釈するか?

第 9 講

運動方程式

　時間の経過に伴って系の状態や物理量の値は変化する．これらの変化を数学的に記述し予測することは古典力学でも量子力学でも基本的な課題である．とくに量子力学には，状態の変化を扱うシュレーディンガー方程式と，物理量の変化を扱うハイゼンベルク方程式がある．物理的な状況を表す適切な方程式を立てること，方程式を解くこと，解の物理的意味を考えることができるようになってほしい．

9-1　時間変化を扱う必要性

　ここまでは，状態 $|\psi\rangle$ から状態 $|\chi\rangle$ が見出される確率を，確率振幅（ベクトルの内積）の絶対値 2 乗で与えるボルンの確率公式

$$\mathbb{P}\Big(|\chi\rangle \leftarrow |\psi\rangle\Big) = \Big|\langle\chi|\psi\rangle\Big|^2 \tag{9.1}$$

を使って求めていた．これはいわば，状態 $|\psi\rangle$ から状態 $|\chi\rangle$ に「瞬時に」乗り移る確率である．しかし，我々がふつう想像する「変化」は，ある時刻に状態 $|\psi\rangle$ だった系が「しばらく経った後に」状態 $|\chi\rangle$ になっているような「時間経過を要する変化」である．

　そこで量子力学では，「時間変化をつかさどる演算子 $\hat{U}(t)$」なるものを導入する．$\hat{U}(t)$ は時間を t だけ進める演算子であり，系の状態 $|\psi\rangle$ は時間 t 経過すると $\hat{U}(t)|\psi\rangle$ になるとする：

$$|\psi\rangle \mapsto |\psi(t)\rangle = \hat{U}(t)|\psi\rangle. \tag{9.2}$$

そうすると，初期状態 $|\psi\rangle$ からスタートして時間 t が経過した後に系が状態 $|\chi\rangle$ に見出される確率は

$$\mathbb{P}\left(|\chi\rangle \overset{t}{\leftarrow} |\psi\rangle\right) = \left|\langle\chi|\hat{U}(t)|\psi\rangle\right|^2 \tag{9.3}$$

で与えられる．また，時刻 t における物理量 $\hat{A}$ の期待値は

$$\begin{aligned}
\langle\hat{A}\rangle_t &= \langle\psi(t)|\hat{A}|\psi(t)\rangle \\
&= \langle\hat{U}(t)\psi|\hat{A}|\hat{U}(t)\psi\rangle \\
&= \langle\psi|\hat{U}(t)^\dagger\hat{A}\hat{U}(t)|\psi\rangle
\end{aligned} \tag{9.4}$$

で与えられる．

　量子系の時間変化の記述の仕方には，**シュレーディンガー描像** (Schrödinger picture) と**ハイゼンベルク描像** (Heisenberg picture) と呼ばれる 2 通りの流儀がある．「状態が時間変化し，物理量は時間変化しない」という捉え方がシュレーディンガー描像である．「状態は時間変化せず，物理量が時間変化する」という捉え方がハイゼンベルク描像である．どちらの描像においても具体的なハミルトニアンの数式を定めることによって，確率分布の時間変化を計算できるようになる．以下では，これらの数学的方法を詳しく解説する．

9-2　シュレーディンガー方程式

　系の状態ベクトルは時間とともに変化する．時刻 t における状態ベクトルを $|\psi(t)\rangle$ と書く．状態ベクトルの変化の仕方を決めるのが**シュレーディンガー方程式** (Schrödinger equation)

$$i\hbar\frac{\partial}{\partial t}|\psi(t)\rangle = \hat{H}|\psi(t)\rangle \tag{9.5}$$

である．ここで $\hat{H}$ はハミルトニアン (Hamiltonian) と呼ばれる演算子である．プランク定数 h およびディラック定数 $\hbar = h/(2\pi)$ は「エネルギー × 時間」の次元を持つので，ハミルトニアン $\hat{H}$ はエネルギーの次元を持つ．

シュレーディンガー方程式を書くためにはハミルトニアン $\hat{H}$ が必要だが，唯一のハミルトニアンを決める絶対的な規則はなく，むしろ**ハミルトニアンの候補となる演算子が複数ある**と考えるべきである．ハミルトニアンとして具体的な演算子を一つ選ぶごとに一つの数学的モデルが定まり，それを分析することによって，いろいろな予測を引き出せる．**ハミルトニアンは理論の予測が実験と合うように選ばれるものである**．

ただ，ハミルトニアンの選び方に関して，すべてのモデルに共通する規則はある．原則として，**ハミルトニアンは自己共役演算子であることが要請される**：

$$\hat{H}^\dagger = \hat{H}. \tag{9.6}$$

要請事項 (9.6) の帰結を調べよう．一般に，ヒルベルト空間のベクトル $|\chi(s)\rangle$，$|\psi(s)\rangle$ が変数 s の微分可能な関数になっていると

$$\frac{\partial}{\partial s}\langle\chi(s)|\psi(s)\rangle = \left\langle\frac{\partial\chi}{\partial s}\Big|\psi(s)\right\rangle + \left\langle\chi(s)\Big|\frac{\partial\psi}{\partial s}\right\rangle \tag{9.7}$$

が成り立つ．いま，$|\chi(t)\rangle$，$|\psi(t)\rangle$ がともにシュレーディンガー方程式

$$i\hbar\frac{\partial}{\partial t}|\chi(t)\rangle = \hat{H}|\chi(t)\rangle, \qquad i\hbar\frac{\partial}{\partial t}|\psi(t)\rangle = \hat{H}|\psi(t)\rangle \tag{9.8}$$

を満たしているとすると，これらの内積の微分は

$$\begin{aligned}
\frac{\partial}{\partial t}\langle\chi(t)|\psi(t)\rangle &= \left\langle\frac{\partial\chi}{\partial t}\Big|\psi(t)\right\rangle + \left\langle\chi(t)\Big|\frac{\partial\psi}{\partial t}\right\rangle \\
&= \left\langle-\frac{i}{\hbar}\hat{H}\chi(t)\Big|\psi(t)\right\rangle + \left\langle\chi(t)\Big|-\frac{i}{\hbar}\hat{H}\psi(t)\right\rangle \\
&= +\frac{i}{\hbar}\langle\hat{H}\chi(t)|\psi(t)\rangle - \frac{i}{\hbar}\langle\chi(t)|\hat{H}\psi(t)\rangle \\
&= +\frac{i}{\hbar}\langle\chi(t)|\hat{H}^\dagger\psi(t)\rangle - \frac{i}{\hbar}\langle\chi(t)|\hat{H}\psi(t)\rangle \\
&= +\frac{i}{\hbar}\langle\chi(t)|\hat{H}\psi(t)\rangle - \frac{i}{\hbar}\langle\chi(t)|\hat{H}\psi(t)\rangle = 0 \tag{9.9}
\end{aligned}$$

となる．最後の式変形で $\hat{H}^\dagger = \hat{H}$ であることを使った．ゆえに，シュレーディンガー方程式に従うベクトルの内積は時間変化せず，任意の時刻 t に対して

$$\langle \chi(t)|\psi(t)\rangle = \langle \chi(0)|\psi(0)\rangle \tag{9.10}$$

が成り立つ．これを**内積の保存則**という．とくに任意の t に対して

$$\langle \psi(t)|\psi(t)\rangle = \langle \psi(0)|\psi(0)\rangle \tag{9.11}$$

が成り立つ．これを**ノルムの保存則**または**確率の保存則**という．これがハミルトニアンが自己共役演算子でありさえすれば必ず成り立つ法則である．

　シュレーディンガー方程式 (9.5) を形式的に解くことを考えよう．時刻 0 に $|\psi\rangle$ であった状態ベクトルが時刻 t に $|\psi(t)\rangle$ になるとして，関係式

$$|\psi(t)\rangle = \hat{U}(t)|\psi\rangle \tag{9.12}$$

で**時間発展演算子** (time-evolution operator) $\hat{U}(t)$ を定義する．これをシュレーディンガー方程式 (9.5) に入れると

$$i\hbar \frac{\partial \hat{U}}{\partial t}|\psi\rangle = \hat{H}\hat{U}(t)|\psi\rangle \tag{9.13}$$

となる．これが任意の初期状態ベクトル $|\psi\rangle$ に対して成り立つので，$|\psi\rangle$ を取り払った方程式

$$i\hbar \frac{\partial \hat{U}}{\partial t} = \hat{H}\hat{U}(t) \tag{9.14}$$

が成り立つべきである．しかも $t = 0$ のときは状態ベクトルはまったく変化していないので $|\psi(0)\rangle = \hat{U}(0)|\psi\rangle = |\psi\rangle$ が任意の初期状態ベクトル $|\psi\rangle$ に対して成り立つべきだから

$$\hat{U}(0) = \hat{I} \text{（恒等演算子）} \tag{9.15}$$

である．これを (9.14) に付帯する初期条件と呼ぶ．初期条件付きの微分方程式 (9.14) の解は無限級数

$$\hat{U}(t) = \sum_{n=0}^{\infty} \frac{1}{n!} \left(-\frac{i}{\hbar} \hat{H} t \right)^n$$

$$= \hat{I} - \frac{i}{\hbar} \hat{H} t + \frac{1}{2!} \left(-\frac{i}{\hbar} \hat{H} t \right)^2 + \frac{1}{3!} \left(-\frac{i}{\hbar} \hat{H} t \right)^3 + \cdots \tag{9.16}$$

で与えられる．これが $\hat{U}(0) = \hat{I}$ を満たすのは明らかである．これの時間微分は

$$\frac{\partial \hat{U}}{\partial t} = \sum_{n=1}^{\infty} \frac{1}{(n-1)!} \left(-\frac{i}{\hbar} \hat{H} \right) \left(-\frac{i}{\hbar} \hat{H} t \right)^{n-1}$$

$$= \left(-\frac{i}{\hbar} \hat{H} \right) \sum_{n=1}^{\infty} \frac{1}{(n-1)!} \left(-\frac{i}{\hbar} \hat{H} t \right)^{n-1} = -\frac{i}{\hbar} \hat{H} \hat{U}(t) \tag{9.17}$$

となるので，(9.14) も満たしている．(9.16) で定義される $\hat{U}(t)$ を演算子の指数関数を使って

$$\hat{U}(t) = e^{-i\hat{H}t/\hbar} = \exp\left(-\frac{i}{\hbar} \hat{H} t \right) \tag{9.18}$$

と書く（付録 B-4 節を参照）．

　内積の保存則 (9.10) に (9.12) を入れると

$$\langle \hat{U}(t)\chi | \hat{U}(t)\psi \rangle = \langle \chi | \hat{U}(t)^{\dagger} \hat{U}(t)\psi \rangle = \langle \chi | \psi \rangle \tag{9.19}$$

となり，これが任意の $|\chi\rangle, |\psi\rangle$ に対して成り立つことから

$$\hat{U}(t)^{\dagger} \hat{U}(t) = \hat{I} \tag{9.20}$$

が導かれる．この等式を満たす $\hat{U}$ を**ユニタリ演算子** (unitary operator) という．(9.18) がユニタリ演算子であることは，形式的な計算

$$\hat{U}(t)^{\dagger} \hat{U}(t) = \left(e^{-i\hat{H}t/\hbar} \right)^{\dagger} e^{-i\hat{H}t/\hbar} = e^{+i\hat{H}^{\dagger}t/\hbar} e^{-i\hat{H}t/\hbar}$$

$$= e^{+i\hat{H}t/\hbar} e^{-i\hat{H}t/\hbar} = e^{+i\hat{H}t/\hbar - i\hat{H}t/\hbar} = e^{\hat{0}} = \hat{I} \tag{9.21}$$

でも確かめられる．内積が保存することと時間発展演算子がユニタリであることは同等である．また，時間発展演算子の重要な性質として

$$\hat{U}(t)\hat{U}(s) = \hat{U}(t+s) \tag{9.22}$$

がある．意味的には，時間 s が経過した後にさらに時間 t が経過すると，合計時間 $t+s$ 経過したのと同じことになる，という関係を表している．また，

$$\left(\hat{U}(t)\right)^{\dagger} = \left(\hat{U}(t)\right)^{-1} = \hat{U}(-t) \tag{9.23}$$

という関係もある．

9-3　エネルギー固有状態は定常状態

　物理量を表す自己共役演算子の固有値は物理量の測定値と解釈される．とりわけハミルトニアンの固有値は系のエネルギーと解釈されるので重要である．ハミルトニアンの固有値問題

$$\hat{H}|\phi_n\rangle = E_n|\phi_n\rangle, \qquad |\phi_n\rangle \neq 0 \tag{9.24}$$

にあてはまる実数 E_n を**エネルギー固有値** (energy eigenvalue) といい，固有ベクトル $|\phi_n\rangle$ を**エネルギー固有状態** (energy eigenstate) という．ハミルトニアンの固有値問題 (9.24) のことを**時間に依らないシュレーディンガー方程式** (time-independent Schrödinger equation) ともいう．

　E_n の n はエネルギー固有値を区別する番号である．$E_1, E_2, E_3, \cdots$ のように飛び飛びのエネルギー値があることを念頭に置いて n という文字を使ったが，必ずしもエネルギー値は不連続とは限らず，連続的な値をとることもある．

　エネルギー固有状態 $|\phi_n\rangle$ に関して

$$|\psi(t)\rangle := e^{-iE_n t/\hbar}|\phi_n\rangle \tag{9.25}$$

で定められる $|\psi(t)\rangle$ は

$$i\hbar\frac{\partial}{\partial t}|\psi(t)\rangle = E_n|\psi(t)\rangle \quad \text{および} \quad \hat{H}|\psi(t)\rangle = E_n|\psi(t)\rangle \tag{9.26}$$

を満たし，ゆえにシュレーディンガー方程式 (9.5) を満たしている．$|\psi(t)\rangle = e^{-iE_n t/\hbar}|\phi_n\rangle$ は任意のベクトル $|\chi\rangle$ に対して

$$\left|\langle\chi|\psi(t)\rangle\right| = \left|e^{-iE_n t/\hbar}\langle\chi|\phi_n\rangle\right| = \left|\langle\chi|\phi_n\rangle\right| \tag{9.27}$$

を満たすので，**エネルギー固有状態においては確率が時間変化しない**．ゆえに，エネルギー固有状態のことを**定常状態** (stationary state) ともいう．

9-4　2状態系の時間発展

複素 2 次元空間 $\mathbb{C}^2$ をヒルベルト空間とする系を考える．$\{|\chi_1\rangle, |\chi_2\rangle\}$ をこの空間の CONS とする．つまり，$\langle\chi_1|\chi_1\rangle = \langle\chi_2|\chi_2\rangle = 1$，$\langle\chi_1|\chi_2\rangle = 0$ が成り立ち，任意のベクトル $|\psi\rangle$ に対して

$$|\psi\rangle = c_1|\chi_1\rangle + c_2|\chi_2\rangle \tag{9.28}$$

を満たす複素数 c_1, c_2 が一意的に存在する．物理的な例としては，アンモニア分子 NH_3 が極性を持っている状態（負電荷を帯びた窒素原子 N が正電荷を帯びた H_3 の上にある状態）を $|\chi_1\rangle$，極性が反転した状態を $|\chi_2\rangle$ とすれば，これはアンモニア分子のおおざっぱなモデルになる（図 9.1）．$|c_1|^2 + |c_2|^2 = 1$ であれば，$|c_1|^2$ はアンモニア分子が $|\chi_1\rangle$ の状態になっている確率に等しく，$|c_2|^2$ はアンモニア分子が $|\chi_2\rangle$ の状態になっている確率に等しい．

状態ベクトル (9.28) は，CONS を省略して複素数だけを並べた数ベクトル

$$|\psi\rangle \doteq \begin{pmatrix} c_1 \\ c_2 \end{pmatrix} \tag{9.29}$$

で書き表してよい．状態の時間変化を扱うために成分複素数を時間 t の関数とする：

$$|\psi(t)\rangle \doteq \begin{pmatrix} c_1(t) \\ c_2(t) \end{pmatrix}. \tag{9.30}$$

ε, α は実数として

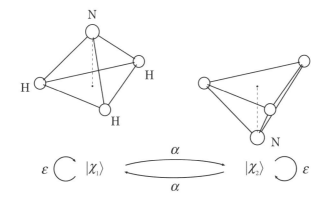

図 9.1 アンモニア分子の状態と時間発展. 状態 $|\chi_1\rangle$ である確率振幅が c_1, $|\chi_2\rangle$ である確率振幅が c_2 であるとすると, シュレーディンガー方程式 (9.33), (9.34) が成り立つ.

$$\hat{H} \doteq \begin{pmatrix} \varepsilon & \alpha \\ \alpha & \varepsilon \end{pmatrix} \tag{9.31}$$

というハミルトニアンを仮定する. シュレーディンガー方程式 (9.5) は

$$i\hbar\frac{\partial}{\partial t}\begin{pmatrix} c_1(t) \\ c_2(t) \end{pmatrix} = \begin{pmatrix} \varepsilon & \alpha \\ \alpha & \varepsilon \end{pmatrix}\begin{pmatrix} c_1(t) \\ c_2(t) \end{pmatrix} \tag{9.32}$$

となり, これは関数 $c_1(t)$, $c_2(t)$ に対する

$$i\hbar\frac{dc_1}{dt} = \varepsilon c_1 + \alpha c_2, \tag{9.33}$$

$$i\hbar\frac{dc_2}{dt} = \alpha c_1 + \varepsilon c_2 \tag{9.34}$$

という連立微分方程式である. (9.33) の αc_2 の項は, 直観的には, 状態 $|\chi_2\rangle$ から $|\chi_1\rangle$ への遷移を表している. (9.34) の αc_1 の項は, 状態 $|\chi_1\rangle$ から $|\chi_2\rangle$ への遷移を表している.

　任意の初期条件 $|\psi\rangle$ に対してシュレーディンガー方程式 (9.5) の解 (9.12) を具体的に求めることを, **初期値問題** (initial value problem) を解くという. いまの問題の場合, 方程式 (9.33), (9.34) を満たす $c_1(t)$, $c_2(t)$ を初期値 $c_1(0)$, $c_2(0)$ と時間 t の関数で書き表したものが初期値問題の解である. (9.33) と (9.34) の和は

$$i\hbar\frac{d}{dt}(c_1 + c_2) = (\varepsilon + \alpha)(c_1 + c_2) \tag{9.35}$$

となる．付録の式 (B.37), (B.38) にあるように，方程式 (9.35) の解は

$$c_1(t) + c_2(t) = e^{-i(\varepsilon+\alpha)t/\hbar}\{c_1(0) + c_2(0)\} \tag{9.36}$$

である．(9.33) と (9.34) の差は

$$i\hbar\frac{d}{dt}(c_1 - c_2) = (\varepsilon - \alpha)(c_1 - c_2) \tag{9.37}$$

となる．この方程式の解は

$$c_1(t) - c_2(t) = e^{-i(\varepsilon-\alpha)t/\hbar}\{c_1(0) - c_2(0)\} \tag{9.38}$$

である．(9.36) と (9.38) を足して 2 で割ると，$e^{i\theta} + e^{-i\theta} = 2\cos\theta$, $e^{i\theta} - e^{-i\theta} = 2i\sin\theta$ を使って

$$
\begin{aligned}
c_1(t) &= \frac{1}{2}\Big[e^{-i(\varepsilon+\alpha)t/\hbar}\{c_1(0) + c_2(0)\} + e^{-i(\varepsilon-\alpha)t/\hbar}\{c_1(0) - c_2(0)\}\Big] \\
&= e^{-i\varepsilon t/\hbar}\Big\{\cos\Big(\frac{\alpha t}{\hbar}\Big)c_1(0) - i\sin\Big(\frac{\alpha t}{\hbar}\Big)c_2(0)\Big\}
\end{aligned} \tag{9.39}
$$

となる．(9.36) から (9.38) を引いて 2 で割ると

$$
\begin{aligned}
c_2(t) &= \frac{1}{2}\Big[e^{-i(\varepsilon+\alpha)t/\hbar}\{c_1(0) + c_2(0)\} - e^{-i(\varepsilon-\alpha)t/\hbar}\{c_1(0) - c_2(0)\}\Big] \\
&= e^{-i\varepsilon t/\hbar}\Big\{-i\sin\Big(\frac{\alpha t}{\hbar}\Big)c_1(0) + \cos\Big(\frac{\alpha t}{\hbar}\Big)c_2(0)\Big\}
\end{aligned} \tag{9.40}
$$

となる．(9.39), (9.40) をまとめて

$$
\begin{pmatrix} c_1(t) \\ c_2(t) \end{pmatrix} = \hat{U}(t)\begin{pmatrix} c_1(0) \\ c_2(0) \end{pmatrix}, \qquad \hat{U}(t) = e^{-i\varepsilon t/\hbar}\begin{pmatrix} \cos(\frac{\alpha t}{\hbar}) & -i\sin(\frac{\alpha t}{\hbar}) \\ -i\sin(\frac{\alpha t}{\hbar}) & \cos(\frac{\alpha t}{\hbar}) \end{pmatrix} \tag{9.41}
$$

と書ける．これで時間発展演算子 $\hat{U}(t)$ も求まり，初期値問題が解けた．

9-5　ハイゼンベルク方程式

以上では，もっぱら状態ベクトルの時間変化を扱ってきたが，ここでは物理量の時間変化に注目しよう．(9.4) で述べたように，時刻 t における物理量 $\hat{A}$ の期待値は，時間変化する状態ベクトル $|\psi(t)\rangle = \hat{U}(t)|\psi\rangle$ を用いて

$$\langle\hat{A}\rangle_t = \langle\psi(t)|\hat{A}|\psi(t)\rangle = \langle\psi|\hat{U}(t)^\dagger\hat{A}\hat{U}(t)|\psi\rangle \tag{9.42}$$

で与えられる．そこで

$$\hat{A}(t) := \hat{U}(t)^\dagger \cdot \hat{A} \cdot \hat{U}(t) \,=\, e^{i\hat{H}t/\hbar}\,\hat{A}\,e^{-i\hat{H}t/\hbar} \tag{9.43}$$

と定め，$\hat{A}(t)$ を**ハイゼンベルク描像における演算子**，あるいは物理量 $\hat{A}$ に対する**ハイゼンベルク演算子** (Heisenberg operator) という．こう定めると

$$\langle\hat{A}\rangle_t = \langle\psi(t)|\hat{A}|\psi(t)\rangle = \langle\psi|\hat{A}(t)|\psi\rangle \tag{9.44}$$

が成り立つ．つまり時間変化する期待値を求めるときは，状態ベクトルが時間変化する式を書いてもよいし，時間変化を物理量に押し付けた式を書いてもよい．ハイゼンベルク演算子 $\hat{A}(t)$ の時間微分は

$$\begin{aligned}
\frac{d\hat{A}}{dt} &= \frac{d}{dt}\left(e^{i\hat{H}t/\hbar}\,\hat{A}\,e^{-i\hat{H}t/\hbar}\right) \\
&= \frac{i}{\hbar}\hat{H}\cdot e^{i\hat{H}t/\hbar}\,\hat{A}\,e^{-i\hat{H}t/\hbar} - e^{i\hat{H}t/\hbar}\,\hat{A}\,e^{-i\hat{H}t/\hbar}\cdot\frac{i}{\hbar}\hat{H} \\
&= \frac{i}{\hbar}\hat{H}\cdot\hat{A}(t) - \frac{i}{\hbar}\hat{A}(t)\cdot\hat{H}
\end{aligned} \tag{9.45}$$

となり，

$$i\hbar\frac{d\hat{A}}{dt} = [\hat{A}(t),\,\hat{H}] \tag{9.46}$$

が成立する．この式を**ハイゼンベルクの運動方程式** (Heisenberg equation of motion) という．$\hat{A}(t) = \hat{A}$ を満たす物理量，すなわち時間変化しない物理量を**保存量** (conserved quantity) という．明らかに

$$[\hat{A}, \hat{H}] = 0 \tag{9.47}$$

であることが $\hat{A}$ が保存量であるための必要十分条件である。とくにハミルトニアン $\hat{H}$ はそれ自体と可換 $[\hat{H}, \hat{H}] = 0$ なので $\hat{H}(t) = e^{i\hat{H}t/\hbar} \hat{H} e^{-i\hat{H}t/\hbar} = e^{i\hat{H}t/\hbar} e^{-i\hat{H}t/\hbar} \hat{H} = \hat{H}$ であり，ゆえに $\hat{H}$ の固有値であるエネルギーは保存量である。

問 9-1. 2 状態系のシュレーディンガー方程式の解 (9.41) において初期状態ベクトル $|\psi(0)\rangle = (c_1(0), c_2(0))$ が

$$\text{(i)} \begin{pmatrix} 1 \\ 0 \end{pmatrix}, \quad \text{(ii)} \frac{1}{\sqrt{2}} \begin{pmatrix} 1 \\ 1 \end{pmatrix}, \quad \text{(iii)} \frac{1}{\sqrt{2}} \begin{pmatrix} 1 \\ i \end{pmatrix}, \quad \text{(iv)} \frac{1}{2} \begin{pmatrix} \sqrt{2} \\ 1+i \end{pmatrix} \tag{9.48}$$

だった場合の $c_1(t), c_2(t)$ をそれぞれ求めよ．また，$p_1(t) = |c_1(t)|^2$, $p_2(t) = |c_2(t)|^2$ を求めて，関数 $p_1(t), p_2(t)$ のグラフを描け．これらの関数の周期 T を求めよ．また，これらの解の物理的意味を検討せよ．

問 9-2. 任意の演算子 $\hat{A}, \hat{B}$ が可換ならば，任意の複素数 t について

$$e^{t(\hat{A}+\hat{B})} = e^{t\hat{A}} e^{t\hat{B}} = e^{t\hat{B}} e^{t\hat{A}} \tag{9.49}$$

が成り立つことを示せ．ヒント：$\hat{A}, \hat{B}$ が可換ならば $e^{t\hat{A}} e^{t\hat{B}} = e^{t\hat{B}} e^{t\hat{A}}$ は明らか．

$$\hat{E}_1(t) := e^{t(\hat{A}+\hat{B})}, \qquad \hat{E}_2(t) := e^{t\hat{A}} e^{t\hat{B}} \tag{9.50}$$

を定めて，どちらも $\hat{E}_j(0) = \hat{I}$ と $\frac{d}{dt}\hat{E}_j(t) = (\hat{A} + \hat{B})\hat{E}_j(t)$ を満たすことを示せば，線形微分方程式の解の一意性から両者は等しいことを結論できる．

問 9-3. 2 状態系において，実数 ε, α で定められるハミルトニアン

$$\hat{H} = \begin{pmatrix} \varepsilon & -i\alpha \\ i\alpha & \varepsilon \end{pmatrix} \tag{9.51}$$

から定まる時間発展演算子 $\hat{U}(t) = e^{-i\hat{H}t/\hbar}$ を求めよ．

問 9-4. (i) 任意の演算子 $\hat{A}, \hat{B}, \hat{C}$ に対して

$$\mathrm{ad}_{\hat{A}}(\hat{B}) := [\hat{A}, \hat{B}] = \hat{A}\hat{B} - \hat{B}\hat{A} \tag{9.52}$$

と定める．$\mathrm{ad}_{\hat{A}}(\hat{B})$ を $\hat{A}$ の $\hat{B}$ への**随伴作用** (adjoint action) という．

$$(\mathrm{ad}_{\hat{A}} \circ \mathrm{ad}_{\hat{B}})(\hat{C}) = \mathrm{ad}_{\hat{A}}(\mathrm{ad}_{\hat{B}}(\hat{C})) = [\hat{A}, [\hat{B}, \hat{C}]], \tag{9.53}$$

$$(\mathrm{ad}_{\hat{A}})^2(\hat{B}) = [\hat{A}, [\hat{A}, \hat{B}]], \tag{9.54}$$

$$(\mathrm{ad}_{\hat{A}})^3(\hat{B}) = [\hat{A}, [\hat{A}, [\hat{A}, \hat{B}]]] \tag{9.55}$$

などと書く．任意の複素数 t に対して

$$\hat{F}_1(t) := e^{t\hat{A}} \cdot \hat{B} \cdot e^{-t\hat{A}}, \tag{9.56}$$

$$\hat{F}_2(t) := \sum_{n=0}^{\infty} \frac{1}{n!} t^n (\mathrm{ad}_{\hat{A}})^n(\hat{B})$$

$$= \hat{B} + t[\hat{A}, \hat{B}] + \frac{1}{2} t^2 [\hat{A}, [\hat{A}, \hat{B}]] + \frac{1}{3!} t^3 [\hat{A}, [\hat{A}, [\hat{A}, \hat{B}]]] + \cdots \tag{9.57}$$

を定めると，$\hat{F}_1(t) = \hat{F}_2(t)$ が成り立つことを証明せよ．$\hat{F}_1(t) = \hat{F}_2(t)$ を**随伴作用公式** (adjoint action formula) と呼ぼう．ヒント：どちらも $\hat{F}_j(0) = \hat{B}$ を満たすのは明らか．さらに，どちらも

$$\frac{d}{dt} \hat{F}_j(t) = [\hat{A}, \hat{F}_j(t)] \tag{9.58}$$

を満たすことを示せば，$\hat{F}_j(t)$ は同じ初期条件と同じ線形微分方程式を満たすので，解の存在と一意性から両者は一致することが言える．

(ii) (7.9) のスピン演算子 $\hat{X}, \hat{Y}, \hat{Z}$ に対して，θ を任意の実数として $e^{-i\hat{Z}\theta}$ を求めてから

$$\hat{X}(\theta) = e^{-i\hat{Z}\theta} \hat{X} e^{i\hat{Z}\theta}, \qquad \hat{Y}(\theta) = e^{-i\hat{Z}\theta} \hat{Y} e^{i\hat{Z}\theta}, \qquad \hat{Z}(\theta) = e^{-i\hat{Z}\theta} \hat{Z} e^{i\hat{Z}\theta} \tag{9.59}$$

をそれぞれ求めよ．

(iii) スピン演算子の交換関係 (7.14) と随伴作用公式 (9.57) を用いて (9.59) をそれぞれ求めよ．

第 10 講

調和振動子

　調和振動子 (harmonic oscillator) は，変位に比例する復元力を受けて動く質点であり，古くから研究されていて，いまなお応用が広がっている力学系である．調和振動子の最も重要な応用は時計であろう．調和振動子は，振れ幅が大きいときも小さいときも往復に要する時間が等しいという性質（振り子の等時性）があり，ゆえに振り子の往復回数を数えれば時間を測ることができる．ガリレオは（小振幅の）重力振り子の等時性に気づいたが，クォーツ時計も原子時計も最新の光格子時計も，振動の回数を数えて時間を刻むという点は共通している．空気の振動は音，電流の振動は交流電流，電磁場の振動は電磁波（光），固体中の原子の振動は熱であり，振動は我々が目にし耳にし体で感じる普遍的な物理現象だと言える．また，電磁波の熱的性質や電磁波と原子の相互作用は古典力学では説明できないという事実の発見が，量子論の発端でもあった．さらに調和振動子の量子力学は，場の量子論や量子光学などの発展分野にもつながっている．そういったことを意識して，本講では古典力学との対応も踏まえつつ，やや多めの紙数を費やして調和振動子について解説する．本講の最初の2節では古典力学の調和振動子を扱うが，それについて熟知している読者は最初の2節は飛ばして 10-3 節から読んでもらえばよい．また，10-6 節では振動系の特性パラメータであるインピーダンスという概念について解説する．

10-1　バネとおもり

　バネの一端を固定し，バネのもう一つの端に質量 m のおもりをつける．おも

りの質量に比べてバネ自体の質量は無視できるとする．バネが伸び縮みしよう
とする力がゼロになるようなおもりの位置を，釣り合いの位置あるいは平衡の
位置という．釣り合いの位置からバネを長さ x だけ伸ばすと，バネは x に比例
する復元力

$$f = -kx \tag{10.1}$$

で縮もうとする，と仮定する．この式の負号は，バネがおもりを引く力の向き
はバネが伸びた向きに対して逆向きであることを表している．(10.1) のように，
復元力の大きさがバネの伸びに比例するようなバネを**線形バネ** (linear spring) と
いい，係数 k を**バネ定数** (constant factor characteristic of the spring, stiffness)
という．(10.1) を**フックの法則** (Hooke's law) という．$m > 0, k > 0$ とする．

　フックの法則は万能ではなく，世の中にはフックの法則に従わないバネもあ
る．ただ，バネの伸び縮みの程度が小さいうちは，どんなバネでも近似的にフッ
クの法則に従う．調和振動子は，線形バネとそれにつなげられたおもりを合わ
せた系である．

　バネにつなげられたおもりを釣り合いの位置から x だけ変位させるためには，
外部から仕事

$$W := -\int_0^x f\,dx = \int_0^x kx\,dx = \frac{1}{2}kx^2 \tag{10.2}$$

をしてやらないといけない．この状態のバネには，された仕事に等しいエネ
ルギー

$$U := W = \frac{1}{2}kx^2 \tag{10.3}$$

が蓄えられていると考えられる．U を**位置エネルギー** (potential energy) という．

　ニュートン流の力学法則によれば，**物体の運動量の時間変化は物体が受ける
力に等しい**：

$$\frac{dp}{dt} = f. \tag{10.4}$$

おもりの速度 v と運動量の定義 $p = mv$ とフックの法則 $f = -kx$ から

$$m\frac{dv}{dt} = -kx \tag{10.5}$$

となる．両辺に $v = \frac{dx}{dt}$ を掛けると，

$$mv\frac{dv}{dt} = -kxv = -kx\frac{dx}{dt} \tag{10.6}$$

となり，

$$\frac{d}{dt}\left(\frac{1}{2}mv^2\right) = -\frac{d}{dt}\left(\frac{1}{2}kx^2\right)$$

$$\frac{d}{dt}\left(\frac{1}{2}mv^2 + \frac{1}{2}kx^2\right) = 0 \tag{10.7}$$

が導かれる．ここでおもりの**運動エネルギー** (kinetic energy)

$$K := \frac{1}{2}mv^2 = \frac{1}{2m}p^2 \tag{10.8}$$

を定義すると上式 (10.7) は

$$\frac{d}{dt}\Big(K + U\Big) = 0 \tag{10.9}$$

を意味する．$E := K + U$ を**全エネルギー** (total energy) といい，(10.9) によれば E は時間変化しない．このことを**エネルギー保存の法則** (law of conservation of energy) という．

10-2　古典力学の調和振動子の解

調和振動子の運動方程式 (10.5)

$$m\frac{d^2x}{dt^2} = -kx \tag{10.10}$$

を解こう．これは $x(t)$ についての 2 階の微分方程式だが，エネルギー保存則

$$\frac{1}{2}m\left(\frac{dx}{dt}\right)^2 + \frac{1}{2}kx^2 = E = (t \text{ によらない定数}) \tag{10.11}$$

は $x(t)$ についての 1 階の微分方程式になっている. さらに

$$k = m\omega^2 \quad (\text{これは } \omega := \sqrt{\frac{k}{m}} \text{ の定義式}) \tag{10.12}$$

$$E = \frac{1}{2}ka^2 \quad (\text{これは } a := \sqrt{\frac{2E}{k}} \text{ の定義式}) \tag{10.13}$$

とおけば, (10.11) は

$$\frac{1}{\omega^2}\left(\frac{dx}{dt}\right)^2 + x^2 = a^2 \tag{10.14}$$

となる. これを三角関数の微分公式

$$\frac{1}{\omega^2}\left(\frac{d}{dt}\cos(\omega t + \alpha)\right)^2 + \left(\cos(\omega t + \alpha)\right)^2 = \sin^2(\omega t + \alpha) + \cos^2(\omega t + \alpha) = 1 \tag{10.15}$$

と見比べると, (10.14) の解は

$$x(t) = a\cos(\omega t + \alpha) \tag{10.16}$$

であることがわかる (2 つの式を見比べて答えを見つけるという方法は雑だと思われるかもしれないが, 不定積分で解いてもやっていることは同じである). (10.14) は $x(t)$ に対する 1 階の微分方程式であり, 一般解は積分定数を 1 個だけ含み, それが α である. 式 (10.16) は

$$x(t) = a\cos\alpha\cos\omega t - a\sin\alpha\sin\omega t \tag{10.17}$$

と書けて, $C_1 = a\cos\alpha$, $C_2 = -a\sin\alpha$ とおけば

$$x(t) = C_1\cos\omega t + C_2\sin\omega t = x(0)\cos\omega t + \frac{\dot{x}(0)}{\omega}\sin\omega t \tag{10.18}$$

とも書ける. これも調和振動子の運動方程式 (10.10) の一般解であり, 初期値問題の解でもある.

　(10.16), (10.18) によれば, バネにつながれたおもりは時間 t に対して三角関数的に振動する. 1 往復の振動に要する時間 T を**周期** (period) というが, これは

$$\omega T = 2\pi \tag{10.19}$$

で決まる．つまり，

$$T = \frac{2\pi}{\omega} = 2\pi\sqrt{\frac{m}{k}} \tag{10.20}$$

である．周期の逆数

$$\nu = \frac{1}{T} = \frac{\omega}{2\pi} \tag{10.21}$$

は，単位時間あたりの振動の回数であり，**振動数**とか**周波数** (frequency) と呼ばれる．周波数の単位は s^{-1} =Hz（ヘルツ）である．(10.21) を書き換えれば $\omega = 2\pi\nu$ であるが，ω は**角振動数** (angular frequency) と呼ばれ，その単位は $\text{rad}\cdot\text{s}^{-1}$（ラジアン毎秒）である．また，式 (10.16) の係数 a は振動の振れ幅を表す量であり，**振幅** (amplitude) と呼ばれる．振動の周期 T はバネ定数 k とおもりの質量 m だけで決まり，振幅 a とは無関係であることは，調和振動子の著しい特徴である．この性質を**調和振動子の等時性** (isochronism) という．T の逆数である ν も系に固有の定数なので，ν を**固有振動数**ともいう．

10-3　量子力学の調和振動子

量子力学に移行するためには，調和振動子の全エネルギーの式 (10.11)

$$E = \frac{1}{2}mv^2 + \frac{1}{2}kx^2 = \frac{1}{2m}p^2 + \frac{1}{2}kx^2 \tag{10.22}$$

から，おもりの位置 x を位置演算子 $\hat{X}$ で置き換え，おもりの運動量 p を運動量演算子 $\hat{P}$ で置き換えた演算子

$$\hat{H} = \frac{1}{2m}\hat{P}^2 + \frac{1}{2}k\hat{X}^2 \tag{10.23}$$

を調和振動子のハミルトニアンと定める．演算子 $\hat{X}$ と $\hat{P}$ は自己共役条件 $\hat{X}^\dagger = \hat{X}$，$\hat{P}^\dagger = \hat{P}$ と正準交換関係 $[\hat{X}, \hat{P}] = \hat{X}\hat{P} - \hat{P}\hat{X} = i\hbar\hat{I}$ を満たす．このハミルトニ

アン (10.23) が導くハイゼンベルクの運動方程式は

$$\frac{d\hat{X}}{dt} = \frac{1}{i\hbar}[\hat{X}, \hat{H}] = \frac{1}{m}\hat{P}, \tag{10.24}$$

$$\frac{d\hat{P}}{dt} = \frac{1}{i\hbar}[\hat{P}, \hat{H}] = -k\hat{X} = -m\omega^2\hat{X} \tag{10.25}$$

となる．これらは運動量の定義式 $p = mv$ とフックの法則 $f = -kx$ の量子力学版になっている．ここで

$$\hat{A} := \frac{1}{\sqrt{2m\hbar\omega}}(m\omega\hat{X} + i\hat{P}), \qquad \hat{A}^\dagger := \frac{1}{\sqrt{2m\hbar\omega}}(m\omega\hat{X} - i\hat{P}) \tag{10.26}$$

で定められる演算子 $\hat{A}, \hat{A}^\dagger$ を導入する．ちなみに，位置と運動量の極小不確定性状態を定める方程式 (7.78) に現れた演算子 $\hat{P} - iZ\hat{X}$ に適切な係数を掛けて無次元化したものが，この $\hat{A}$ である．$\hat{A}$ の時間微分は (10.24), (10.25) より

$$\frac{d\hat{A}}{dt} = \frac{1}{\sqrt{2m\hbar\omega}}\left(m\omega\frac{d\hat{X}}{dt} + i\frac{d\hat{P}}{dt}\right) = \frac{1}{\sqrt{2m\hbar\omega}}\left(\omega\hat{P} - im\omega^2\hat{X}\right)$$
$$= -i\omega\frac{1}{\sqrt{2m\hbar\omega}}\left(i\hat{P} + m\omega\hat{X}\right) = -i\omega\hat{A} \tag{10.27}$$

となる．同様に

$$\frac{d\hat{A}^\dagger}{dt} = i\omega\hat{A}^\dagger \tag{10.28}$$

も確かめられる．これらの微分方程式の解は

$$\hat{A}(t) = e^{-i\omega t}\hat{A}(0), \qquad \hat{A}^\dagger(t) = e^{i\omega t}\hat{A}^\dagger(0) \tag{10.29}$$

である．$\hat{A}(t) = e^{-i\omega t}\hat{A}(0)$ は

$$m\omega\hat{X}(t) + i\hat{P}(t) = (\cos\omega t - i\sin\omega t)(m\omega\hat{X}(0) + i\hat{P}(0)) \tag{10.30}$$

を意味する．この等式の両辺の実部と虚部から

$$\hat{X}(t) = \hat{X}(0)\cos\omega t + \frac{1}{m\omega}\hat{P}(0)\sin\omega t, \tag{10.31}$$

$$\hat{P}(t) = \hat{P}(0)\cos\omega t - m\omega\hat{X}(0)\sin\omega t \tag{10.32}$$

を得る．これは古典力学の運動方程式の解 (10.18) と同じ形である．つまり，量子力学の調和振動子についても，おもりの位置と運動量が時間の三角関数になって振動しているようなイメージを持つことができる．

10-4　調和振動子のエネルギー固有値

式 (10.22) を見ればわかることだが，古典力学の調和振動子のエネルギーの値は $E \geq 0$ であり，x, v の値次第で $E \geq 0$ のどんな値でもとり得る．では，量子力学の調和振動子のエネルギーはどんな値をとるか？　ハミルトニアン (10.23) の固有値問題

$$\hat{H}|\phi\rangle = E|\phi\rangle, \qquad |\phi\rangle \neq 0 \tag{10.33}$$

を解いてエネルギー固有値 E とエネルギー固有状態 $|\phi\rangle$ を求めよう．

まず (10.26) で導入した $\hat{A}, \hat{A}^\dagger$ が

$$[\hat{A}, \hat{A}^\dagger] = \hat{I} \tag{10.34}$$

を満たすことを確かめよ．また，(10.23) は

$$\hat{H} = \frac{1}{2m}\hat{P}^2 + \frac{1}{2}m\omega^2\hat{X}^2 = \hbar\omega\left(\hat{A}^\dagger\hat{A} + \frac{1}{2}\hat{I}\right) = \hbar\omega\left(\hat{N} + \frac{1}{2}\hat{I}\right) \tag{10.35}$$

と書き換えられることを確かめよ．ここで

$$\hat{N} := \hat{A}^\dagger\hat{A} \tag{10.36}$$

とおいた．$\hat{N}^\dagger = \hat{N}$ が成り立つことはすぐわかる．$\hat{H}$ の固有値を知りたければ $\hat{N}$ の固有値を求めればよい．ちょっとした計算で

$$[\hat{N}, \hat{A}] = -\hat{A}, \tag{10.37}$$

$$[\hat{N}, \hat{A}^\dagger] = \hat{A}^\dagger, \tag{10.38}$$

$$[\hat{A}, (\hat{A}^\dagger)^k] = k(\hat{A}^\dagger)^{k-1} \tag{10.39}$$

が成り立つことがわかる．ここで k は任意の自然数とする ((10.39) については問 10-3 を参照)．$\hat{N}$ の固有値はまだわからないが，λ が $\hat{N}$ の固有値であり，$|\phi_\lambda\rangle$ がそれに属する固有ベクトルであったとする．つまり，

$$\hat{N}|\phi_\lambda\rangle = \lambda|\phi_\lambda\rangle, \qquad |\phi_\lambda\rangle \neq 0 \tag{10.40}$$

が成り立つとする．このとき

$$\langle\phi_\lambda|\hat{N}|\phi_\lambda\rangle = \langle\phi_\lambda|\lambda|\phi_\lambda\rangle \tag{10.41}$$

であり，これの左辺は

$$\langle\phi_\lambda|\hat{N}|\phi_\lambda\rangle = \langle\phi_\lambda|\hat{A}^\dagger\hat{A}|\phi_\lambda\rangle = \langle\hat{A}\phi_\lambda|\hat{A}\phi_\lambda\rangle = \left\|\hat{A}|\phi_\lambda\rangle\right\|^2 \geq 0 \tag{10.42}$$

であり，(10.41) の右辺は

$$\langle\phi_\lambda|\lambda|\phi_\lambda\rangle = \lambda\langle\phi_\lambda|\phi_\lambda\rangle = \lambda\left\||\phi_\lambda\rangle\right\|^2 \tag{10.43}$$

であり，$|\phi_\lambda\rangle \neq 0$ と仮定しているので $\left\||\phi_\lambda\rangle\right\|^2 > 0$ だから

$$\lambda = \frac{\left\|\hat{A}|\phi_\lambda\rangle\right\|^2}{\left\||\phi_\lambda\rangle\right\|^2} \geq 0 \tag{10.44}$$

が導かれる．つまり $\hat{N}$ の固有値は**非負** (non-negative) である．任意の演算子 $\hat{S}, \hat{T}$ について

$$\hat{S}\hat{T} = \hat{S}\hat{T} - \hat{T}\hat{S} + \hat{T}\hat{S} = [\hat{S}, \hat{T}] + \hat{T}\hat{S} \tag{10.45}$$

が成り立つ．この公式 (10.45) と (10.37), (10.40) より

$$\hat{N}\hat{A}|\phi_\lambda\rangle = ([\hat{N}, \hat{A}] + \hat{A}\hat{N})|\phi_\lambda\rangle = (-\hat{A} + \hat{A}\lambda)|\phi_\lambda\rangle = (\lambda - 1)\hat{A}|\phi_\lambda\rangle \tag{10.46}$$

が言える．この式は，$|\phi_\lambda\rangle$ が $\hat{N}$ の固有値 λ に属する固有ベクトルならば，$\hat{A}|\phi_\lambda\rangle$ は $\hat{N}$ の固有値 $\lambda - 1$ に属する固有ベクトルであることを意味する．同様にして，

$$\hat{N}\hat{A}^\dagger|\phi_\lambda\rangle = ([\hat{N}, \hat{A}^\dagger] + \hat{A}^\dagger\hat{N})|\phi_\lambda\rangle = (\hat{A}^\dagger + \hat{A}^\dagger\lambda)|\phi_\lambda\rangle = (\lambda + 1)\hat{A}^\dagger|\phi_\lambda\rangle \tag{10.47}$$

もわかる．つまり，$\hat{A}^\dagger$ は $\hat{N}$ の固有値を 1 だけ増やし，$\hat{A}$ は $\hat{N}$ の固有値を 1 だけ減らす働きをしている．そのため $\hat{A}^\dagger$ を**生成演算子** (creation operator)，$\hat{A}$ を**消滅演算子** (annihilation operator) と呼ぶ．また，$\hat{A}^\dagger$，$\hat{A}$ をまとめて**昇降演算子** (ladder operator) と呼ぶこともある．

　消滅演算子 $\hat{A}$ は $\hat{N}$ の固有ベクトルに作用して固有値 λ を 1 ずつ減らすが，消滅演算子を繰り返し作用させてヌルでない固有ベクトルの列が際限なく得られるとしたら，固有値の減少列 $\lambda, \lambda-1, \lambda-2, \cdots$ が続くことになり，いつか負の固有値が現れることになる．しかし，(10.44) により $\hat{N}$ の固有値が負になることは禁止されている．ゆえに，消滅演算子の作用によってヌルベクトル

$$\hat{A}|\phi_0\rangle = 0 \tag{10.48}$$

になってしまうベクトル $|\phi_0\rangle$ ($\neq 0$) があるはずである．もちろんこれは

$$\hat{A}^\dagger \hat{A}|\phi_0\rangle = 0 \tag{10.49}$$

を満たすので，$|\phi_0\rangle$ は $\hat{N} = \hat{A}^\dagger \hat{A}$ の固有値 0 に属する固有ベクトルである．逆に，$|\phi_0\rangle$ に生成演算子 $\hat{A}^\dagger$ を n 回作用させて $|\phi_n\rangle \propto (\hat{A}^\dagger)^n |\phi_0\rangle$ とおけば $\hat{N}$ の固有値 $n = 1, 2, 3, \cdots$ に属する固有ベクトルが順次得られる．$\hat{N}|\phi_n\rangle = n|\phi_n\rangle$ を満たす固有ベクトル $|\phi_n\rangle$ のノルムを $\langle \phi_n|\phi_n\rangle = 1$ にそろえて

$$\hat{A}^\dagger |\phi_n\rangle = c_n |\phi_{n+1}\rangle \tag{10.50}$$

にあてはまる複素数 c_n を求めよう．両辺のノルムを求めると

$$\begin{aligned}
|c_n|^2 &= \big\| c_n |\phi_{n+1}\rangle \big\|^2 = \big\| \hat{A}^\dagger |\phi_n\rangle \big\|^2 = \langle \hat{A}^\dagger \phi_n | \hat{A}^\dagger \phi_n \rangle = \langle \phi_n | \hat{A}\hat{A}^\dagger | \phi_n \rangle \\
&= \langle \phi_n | ([\hat{A}, \hat{A}^\dagger] + \hat{A}^\dagger \hat{A}) | \phi_n \rangle = \langle \phi_n | (\hat{I} + \hat{N}) | \phi_n \rangle = (1+n) \langle \phi_n | \phi_n \rangle \\
&= n+1 \tag{10.51}
\end{aligned}$$

となるので，

$$c_n = \sqrt{n+1} \tag{10.52}$$

としてよい. そうすると,

$$(\hat{A}^\dagger)^n|\phi_0\rangle = (\hat{A}^\dagger)^{n-1}c_0|\phi_1\rangle = (\hat{A}^\dagger)^{n-2}c_0 c_1|\phi_2\rangle = \cdots$$
$$= c_0 c_1 \cdots c_{n-1}|\phi_n\rangle = \sqrt{n!}\,|\phi_n\rangle \tag{10.53}$$

が成り立つ. これと (10.39), (10.45), (10.48) を用いると,

$$\hat{A}|\phi_n\rangle = \frac{1}{\sqrt{n!}}\hat{A}(\hat{A}^\dagger)^n|\phi_0\rangle$$
$$= \frac{1}{\sqrt{n!}}([\hat{A},(\hat{A}^\dagger)^n]+(\hat{A}^\dagger)^n\hat{A})|\phi_0\rangle$$
$$= \frac{1}{\sqrt{n!}}\,n(\hat{A}^\dagger)^{n-1}|\phi_0\rangle + \frac{1}{\sqrt{n!}}(\hat{A}^\dagger)^n\hat{A}|\phi_0\rangle$$
$$= \frac{1}{\sqrt{(n-1)!}}\,\sqrt{n}\,(\hat{A}^\dagger)^{n-1}|\phi_0\rangle + 0$$
$$= \sqrt{n}\,|\phi_{n-1}\rangle \tag{10.54}$$

を得る. 以上をまとめると, $\hat{N} = \hat{A}^\dagger\hat{A}$ の固有値問題は,

$$\hat{A}|\phi_0\rangle = 0, \tag{10.55}$$

$$|\phi_n\rangle = \frac{1}{\sqrt{n!}}(\hat{A}^\dagger)^n|\phi_0\rangle \quad (n = 0,1,2,3,\cdots), \tag{10.56}$$

$$\langle\phi_m|\phi_n\rangle = \delta_{mn}, \tag{10.57}$$

$$\hat{A}^\dagger|\phi_n\rangle = \sqrt{n+1}\,|\phi_{n+1}\rangle, \tag{10.58}$$

$$\hat{A}|\phi_n\rangle = \sqrt{n}\,|\phi_{n-1}\rangle, \tag{10.59}$$

$$\hat{N}|\phi_n\rangle = \hat{A}^\dagger\hat{A}|\phi_n\rangle = n|\phi_n\rangle \tag{10.60}$$

という形で解けた ((10.57) については問 10-3 を参照). 調和振動子のハミルトニアンは (10.35) の形に書けていたので, $|\phi_n\rangle$ はハミルトニアンの固有ベクトルでもあり,

$$\hat{H}|\phi_n\rangle = \hbar\omega\Big(\hat{N}+\frac{1}{2}\hat{I}\Big)|\phi_n\rangle = \hbar\omega\Big(n+\frac{1}{2}\Big)|\phi_n\rangle \tag{10.61}$$

を満たす. つまり, **量子力学的な調和振動子のエネルギーは**

$$E_n = \hbar\omega\left(n + \frac{1}{2}\right) \qquad (n = 0, 1, 2, 3, \cdots) \tag{10.62}$$

という等間隔の離散的な値をとる．このことは，古典力学的調和振動子が $E \geq 0$ の連続的なエネルギーを持つことと著しい対比をなしている．

　解釈としては，あたかもエネルギー $\hbar\omega$ を持った粒子が 1 個, 2 個, 3 個…と調和振動子に宿ることによって調和振動子のエネルギーが増大していくように見える．「バネとおもり」でできたシステムは一つなのだが，一つぶあたり $\varepsilon = \hbar\omega$ の，いわば「エネルギーのつぶ（**エネルギー量子 (energy quantum)**）」があって，1 つぶ, 2 つぶ, 3 つぶ…のエネルギー量子が調和振動子システムに宿っているように見えるのである．なお，$h = 2\pi\hbar$, $\omega = 2\pi\nu$ なので，エネルギー量子の大きさは $\varepsilon = \hbar\omega = h\nu$ と書ける．電磁波に伴うエネルギー量子（離散的なエネルギーを担う粒子）は**光量子 (light quantum)** あるいは**光子 (photon)** と呼ばれている．音波に伴うエネルギー量子は**音響子 (phonon)** と呼ばれる．

　エネルギー量子が 0 個のとき，調和振動子は最小のエネルギー

$$E_0 = \frac{1}{2}\hbar\omega \tag{10.63}$$

を持つ．古典力学の調和振動子の最小エネルギーは $E = 0$ だったのに対して，量子力学の調和振動子のエネルギーは 0 よりも大きい．直観的イメージとしては，量子力学の調和振動子は，位置と運動量の不確定性関係のために $X = 0, P = 0$ の状態に静止することができなくて，エネルギー最小の状態でも振動しているのだとイメージされる．このエネルギー $E_0 = \frac{1}{2}\hbar\omega$ を**零点エネルギー (zero-point energy)** といい，最小エネルギー状態 $|\phi_0\rangle$ を**基底状態 (ground state)** という．また，$n = 1, 2, 3, \cdots$ に対応した状態 $|\phi_n\rangle$ を**励起状態 (excited state)** という．

10-5 調和振動子の波動関数

　座標表示の波動関数 $\phi(x)$ の形で調和振動子のエネルギー固有関数を求めよう．この表示では位置演算子 $\hat{X}$ は掛け算演算子

$$\hat{X}\phi(x) = x \cdot \phi(x) \tag{10.64}$$

で表現され，運動量演算子 $\hat{P}$ は微分演算子

$$\hat{P}\phi(x) = -i\hbar\frac{\partial\phi}{\partial x} \tag{10.65}$$

で表現される．ハミルトニアン (10.23) にこの置き換えを施すと，調和振動子の固有値問題 (10.33) は

$$\left(-\frac{\hbar^2}{2m}\frac{\partial^2}{\partial x^2} + \frac{1}{2}m\omega^2 x^2\right)\phi(x) = E\phi(x) \tag{10.66}$$

と書ける．

　まず基底状態の波動関数を求めよう．消滅演算子 (10.26) を用いた基底状態の定義式 (10.55) を座標表示すると

$$0 = \hat{A}\phi_0(x) = \frac{1}{\sqrt{2m\hbar\omega}}(m\omega\hat{X} + i\hat{P})\phi_0(x)$$
$$= \frac{1}{\sqrt{2m\hbar\omega}}\left(m\omega x + \hbar\frac{\partial}{\partial x}\right)\phi_0(x) \tag{10.67}$$

となる．つまり，基底状態の波動関数 $\phi_0(x)$ は方程式

$$\frac{\partial\phi_0}{\partial x} = -\frac{m\omega}{\hbar}x\,\phi_0(x) \tag{10.68}$$

を満たす．この方程式の解は

$$\phi_0(x) = c\exp\left(-\frac{m\omega}{2\hbar}x^2\right) \tag{10.69}$$

である．ただし，c は任意の複素数であり，規格化条件 $\langle\phi_0|\phi_0\rangle = \int_{-\infty}^{\infty}|\phi_0(x)|^2 dx = 1$ を満たすようにその値を選ぶと，

$$c = \left(\frac{m\omega}{\pi\hbar}\right)^{\frac{1}{4}} \tag{10.70}$$

である．

　n 番目の励起状態の波動関数は (10.56) を用いて

$$\phi_n(x) = \frac{1}{\sqrt{n!}} (\hat{A}^\dagger)^n \phi_0(x)$$

$$= \frac{1}{\sqrt{n!}} \left\{ \frac{1}{\sqrt{2m\hbar\omega}} (m\omega\hat{X} - i\hat{P}) \right\}^n \phi_0(x)$$

$$= \frac{1}{\sqrt{n!\,(2m\hbar\omega)^n}} \left(m\omega x - \hbar\frac{\partial}{\partial x} \right)^n \phi_0(x) \tag{10.71}$$

で与えられるのだが，このままでは式が見にくいので，数式が簡潔に見えるように変数変換を施す.

$$\gamma := \sqrt{\frac{m\omega}{\hbar}}, \qquad s := \gamma x = \sqrt{\frac{m\omega}{\hbar}} x \tag{10.72}$$

を用いて変数 x を s で書き換える. 変数 s を用いると，基底状態の波動関数 (10.69) は

$$\phi_0 = c\, e^{-\frac{1}{2}s^2} \tag{10.73}$$

と書かれる. ただし ϕ_0 を x の関数 $\phi_0(x)$ とみなしてもよいし，s の関数 $\phi_0(s)$ とみなしてもよい. n 番目の励起状態の波動関数は

$$\phi_n(x) = \frac{\hbar^n}{\sqrt{n!\,(2m\hbar\omega)^n}} \left(\frac{m\omega}{\hbar}x - \frac{\partial}{\partial x} \right)^n \phi_0 = \frac{\hbar^n \gamma^n}{\sqrt{n!\,(2m\hbar\omega)^n}} \left(\gamma x - \frac{1}{\gamma}\frac{\partial}{\partial x} \right)^n \phi_0$$

$$= \frac{1}{\sqrt{n!\,2^n}} \left(s - \frac{\partial}{\partial s} \right)^n \phi_0 \tag{10.74}$$

で与えられる. ところで，任意の関数 $F(s)$ に対して

$$\left(s - \frac{\partial}{\partial s} \right) F(s) = \left(s - \frac{\partial}{\partial s} \right) e^{\frac{1}{2}s^2} \cdot e^{-\frac{1}{2}s^2} \cdot F(s)$$

$$= e^{\frac{1}{2}s^2} \left(-\frac{\partial}{\partial s} \right) e^{-\frac{1}{2}s^2} F(s) \tag{10.75}$$

が成り立つ. ただし微分演算子 $\dfrac{\partial}{\partial s}$ は，それより右にある s の関数すべてに作用する. この公式を (10.74) に適用すると

$$\phi_n(x) = \frac{1}{\sqrt{2^n \cdot n!}} e^{\frac{1}{2}s^2} \left(-\frac{\partial}{\partial s} \right)^n e^{-\frac{1}{2}s^2} \phi_0 \tag{10.76}$$

となり，(10.73) を入れて

$$\phi_n(x) = \frac{c}{\sqrt{2^n \cdot n!}} (-1)^n \, e^{\frac{1}{2}s^2} \frac{\partial^n}{\partial s^n} e^{-s^2} \tag{10.77}$$

が得られる．変数変換 $s = \gamma x$ により右辺は x の関数とみなされる．さらに，

$$H_n(s) := (-1)^n \, e^{s^2} \frac{\partial^n}{\partial s^n} e^{-s^2} \tag{10.78}$$

という関数を定め，n 次の**エルミート多項式** (Hermite polynomial) と呼ぶ．これを用いると n 番目の励起状態の波動関数は

$$\phi_n(x) = \frac{c}{\sqrt{2^n \cdot n!}} e^{-\frac{1}{2}s^2} H_n(s) \tag{10.79}$$

と書ける．

10-6　インピーダンス

インピーダンスは振動あるいは波動運動するシステムの特性を表すパラメータである．インピーダンスはむしろ古典力学的な概念なのだが，量子力学にもそのまま持ち込まれるし，理解しにくい概念なので，丁寧に議論しておこう．

x, v, p, f はすべて時間 t の関数であり，運動方程式

$$\frac{dx}{dt} = v, \qquad \frac{dp}{dt} = f \tag{10.80}$$

を満たすとする．これだけなら 2 つの方程式は独立だが，さらに**構成方程式**
(constitutive equations)

$$p = mv, \qquad f = -kx \tag{10.81}$$

も成り立つとする．機械的なシステムに関しては x は位置，v は速度，p は運動量，f は力を表し，定数 m は質量，k はバネ定数と解釈される．構成方程式があると，(10.80) は 2 つの関数 $x(t), p(t)$ に対する 1 階の連立微分方程式

$$m\frac{dx}{dt} = p, \qquad \frac{dp}{dt} = -kx \tag{10.82}$$

になるし，関数 $x(t)$ に対する 2 階の微分方程式

$$m\frac{d^2x}{dt^2} = -kx \tag{10.83}$$

にもなる．パラメータ

$$\omega := \sqrt{\frac{k}{m}} \tag{10.84}$$

を導入すると方程式 (10.83) は

$$\frac{d^2x}{dt^2} = -\omega^2 x \tag{10.85}$$

という標準形に帰着する．ω が「時間の逆数」の物理次元を持つことはこの式から明らかである．その一般解は振動を表す関数

$$x(t) = C_1 \cos\omega t + C_2 \sin\omega t \tag{10.86}$$

であることは，すでに見たとおりである．

　ちょっと別のやり方で連立方程式 (10.82) を解いてみよう．この連立方程式は複素数を使って

$$\frac{d}{dt}\bigl(m\omega x + ip\bigr) = -i\omega\bigl(m\omega x + ip\bigr) \tag{10.87}$$

という形にまとめられる．この方程式の解は

$$\bigl(m\omega x(t) + ip(t)\bigr) = e^{-i\omega t} \cdot \bigl(m\omega x(0) + ip(0)\bigr) \tag{10.88}$$

である．ここに現れた $(m\omega x + ip)$ という「まとまり」は消滅演算子 (10.26) と係数が異なるだけで，同型である．x と p は物理次元が異なるので，$(m\omega x + ip)$ に現れる係数

$$Z := m\omega = \sqrt{mk} \tag{10.89}$$

は「運動量と長さの比」の物理次元を持つ．この Z をインピーダンス (impedance) という．(10.88) は，変数 $(m\omega x, p)$ を座標とする平面で見れば等速円運動だが，

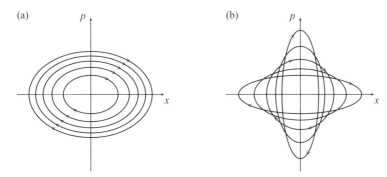

図 10.1　相空間における調和振動子の軌跡は楕円になる. (a) 楕円の面積はエネルギーに比例する. 楕円を一周するのに要する時間はエネルギーに依存せず一定. 楕円の p 方向の半径 Δp と x 方向の半径 Δx の比も一定であり, この比 $Z = \Delta p / \Delta x$ がインピーダンス. (b) インピーダンスの異なる振動子を比較する.

変数 (x, p) を座標とする平面で見れば楕円運動である (図 10.1(a)). してみると, インピーダンス $Z = m\omega$ は, この楕円の x 軸方向の半径 Δx と p 軸方向の半径 Δp の比

$$Z = \frac{\Delta p}{\Delta x} \tag{10.90}$$

である. これは量子力学的調和振動子の基底状態における運動量と位置の標準偏差の比 (7.105) にも等しい. また, 古典力学的なエネルギー

$$E = \frac{1}{2m}p^2 + \frac{1}{2}kx^2 = \frac{1}{2m}p^2 + \frac{1}{2}m\omega^2 x^2 \tag{10.91}$$

は保存量であり, E の値は初期条件だけで決まる. (10.91) は (x, p) 平面 (相空間) 上の楕円を定めるが, x 軸方向, p 軸方向の楕円の半径はそれぞれ

$$\Delta x = \sqrt{\frac{2E}{m\omega^2}}, \qquad \Delta p = \sqrt{2mE} \tag{10.92}$$

であり, 相空間上の楕円軌道が囲む面積は

$$S = \pi \cdot \Delta x \cdot \Delta p = \pi \frac{2E}{\omega} = \frac{E}{\omega/(2\pi)} = \frac{E}{\nu} \tag{10.93}$$

に等しい. S は作用積分あるいは断熱不変量と呼ばれる. 楕円の面積 S は, エ

ネルギー E に比例し，従って振動子の初期条件に依存する．楕円の半径の比であるインピーダンス Z は系に固有のパラメータであり，初期条件に依存しない．

　Z が大きいほど，x の振幅が小さいわりに p の振幅が大きい（図 10.1(b) では縦方向に伸びた楕円）．$Z = \sqrt{mk}$ が大きいのは，おもりが重くて（m が大）硬いバネ（k が大）に相当し，おもりの見かけの振幅は小さくても，運動量の振幅は大きい．例えば，ハンマーで鉄板をたたいて伸ばすという目的には，重いハンマーを小さく振って大きな運動量変化すなわち大きな力積を鉄板に伝えるのがよい．これがインピーダンスの大きな振動系である．歯車で言えば，ローギヤ（進行速度は遅いが力は大きい）に相当する．

　逆に，Z が小さいと，x の振幅が大きいわりに p の振幅が小さい（図 10.1(b) では横方向に伸びた楕円）．Z が小さいのは，おもりが軽くて（m が小）柔らかいバネ（k が小）に相当し，おもりの見かけの振幅は大きくても，力はたいしたことはないシステムになる．歯車で言えば，トップギヤ（進行速度は速いが力は小さい）に相当する．

　振動子の機械的な特性は，振動数 ω だけでなく，インピーダンス Z にも現れる．2 つの振動子をつなげて，一方の振動子からもう一方の振動子へエネルギーを伝達させたいと思ったら，それぞれの固有振動数が等しくなっているだけでなく，インピーダンスも等しくなっていないと，「楕円」の形が合わなくて，エネルギー伝達がうまくいかず，エネルギーの反射が起こる．そのためにインピーダンス・マッチングという調整が必要になる．子供が乗っているブランコを押して揺らすときも，ブランコの固有振動数にタイミングを合わせて押してやるだけでなく，インピーダンスに合った振り幅で運動量を与えてやらなければならない．お寺の重い鐘と軽いブランコを比較してインピーダンスの大小を考えてみてほしい．この種の問題を量子力学的に扱うこともできるのだが，それは演習問題として残しておこう．

　インピーダンス Z と角振動数 ω からバネ定数 k と質量 m を再現することもできる：

$$Z\omega = k, \qquad \frac{Z}{\omega} = m. \tag{10.94}$$

従って，振動子を特徴づける独立なパラメータとして (k, m) を使ってもよいし，(Z, ω) を使ってもよい．また，インピーダンスは運動量振幅／位置振幅という比だけでなく，力の振幅／速度の振幅という比で表すこともできる：

$$Z = \frac{\Delta p}{\Delta x} = \frac{\omega \cdot \Delta p}{\omega \cdot \Delta x} = \frac{\Delta f}{\Delta v}. \tag{10.95}$$

【補足】運動エネルギー K と位置エネルギー U の変化分（微分形式）は

$$dK = p\, dv, \qquad dU = -f\, dx \tag{10.96}$$

と表されることをコメントしておく．数学的には v, x はベクトル，p, f はコベクトルと呼ばれるもので，(10.96) は p と v，f と x が双対な関係にあることを示している．構成方程式 $p = mv$ と $f = -kx$ を補うと (10.96) は積分できて

$$K = \frac{1}{2}mv^2, \qquad U = \frac{1}{2}kx^2 \tag{10.97}$$

となる．

　以上は「バネとおもり」という機械的な振動子についての話であったが，「コンデンサとコイル」からなる電気的な振動子についても同型の話ができる．コンデンサとコイルを環状につなげて閉回路を作ったとする．Q はコンデンサにたまっている電荷，I は回路を流れる電流，Φ はコイルの磁束，V は電圧を表すとして，Q, I, Φ, V はすべて時間 t の関数であり運動方程式

$$\frac{dQ}{dt} = I, \qquad \frac{d\Phi}{dt} = -V \tag{10.98}$$

を満たす．さらに構成方程式として

$$\Phi = LI, \qquad V = \frac{1}{C}Q \tag{10.99}$$

を仮定する．L はコイルのインダクタンス，C はコンデンサのキャパシタンスと呼ばれる定数である．これらを用いて，I と V に対する 1 階の連立微分方程式

$$C\frac{dV}{dt} = I, \qquad L\frac{dI}{dt} = -V \tag{10.100}$$

を書くことができるし，これを (10.87) のような標準形

$$\frac{d}{dt}(V + iZI) = -i\omega(V + iZI) \tag{10.101}$$

に書き換えようと思ったら，実部と虚部に分けた

$$\frac{dV}{dt} = \omega ZI, \qquad \frac{dI}{dt} = -\frac{\omega}{Z}V \tag{10.102}$$

を (10.100) と見比べて

$$\omega Z = \frac{1}{C}, \qquad \frac{\omega}{Z} = \frac{1}{L} \tag{10.103}$$

となっていればよい．これらより

$$\omega^2 = \frac{1}{CL}, \qquad Z^2 = \frac{L}{C} \tag{10.104}$$

すなわち,

$$\omega = \frac{1}{\sqrt{CL}}, \qquad Z = \sqrt{\frac{L}{C}} \tag{10.105}$$

で角振動数 ω とインピーダンス Z が決まる．(10.101) では $(V + iZI)$ がひとまとまりになっていて，電気回路のインピーダンス Z は「電圧 V ／電流 I」すなわち電気抵抗の物理次元を持つ．ただ，直流電流回路におけるエネルギー散逸素子としての「電気抵抗」をイメージするよりは，交流の「電圧の振幅／電流の振幅」の比

$$Z = \frac{\Delta V}{\Delta I} \tag{10.106}$$

と思った方がよい．電気回路のトランスは，ΔV と ΔI の積は一定のまま比を変える装置なので，インピーダンス・マッチングに使われる．

インピーダンスは，文脈によって物理次元も単位も異なるので注意してほしい．機械インピーダンス (mechanical impedance) と呼ばれる (10.89) は（運動量／変位）＝（質量／時間）の次元を持つし，電気インピーダンス (10.106) は（電圧／電流）＝（電気抵抗）の次元を持つ．一方，機械系の構成方程式によらない運動方程式 (10.80) で時間微分されている変数である位置 x と運動量 p の積は作用積分あるいはプランク定数 h の次元を持ち，電気系の構成方程式によ

らない運動方程式 (10.98) に現れた電荷（電束）Q と磁束 Φ の積もプランク定数 h の次元を持つ．ペア（共役）になる物理量の積は普遍な次元量になるのに対して，共役物理量の比（インピーダンス）の次元は各変数への次元の割りあて方しだいで変わってしまう．分野ごとに物理次元や単位が異なることもインピーダンスのわかりにくさの一因かもしれない．

どうして振動子にインピーダンスという概念が現れるのかというと，振動というのは，一つのシステムの中にバネのように位置エネルギーをためる部位と，おもりのように運動エネルギーを担う部位があって，両者の間でエネルギーのやりとりがあって起きる運動だからである．全エネルギー

$$E = \frac{1}{2m}p^2 + \frac{1}{2}kx^2 = \frac{1}{2m}(Zx - ip)(Zx + ip)$$
$$= \frac{1}{2}mv^2 + \frac{1}{2k}f^2 = \frac{1}{2}(pv - fx) \tag{10.107}$$

は一定のままで，運動エネルギーと位置エネルギーという内訳の量が増減振動しているのである．そうすると，位置エネルギーを蓄えるバネの伸びのような「ひずみ」や「ため」を表す変数 x と，運動エネルギーを担うおもりの運動量のような「いきおい」を表す変数 p が，時間の経過とともに交互に極大値・平衡値・極小値・平衡値をとることになる．x の振幅や p の振幅は初期条件次第だが，両者の間には比例関係がある．両者の比は系の初期条件によらず，系の特性を表す定数であり，それがインピーダンスである：

$$Z = \frac{\Delta p}{\Delta x} = \frac{（いきおい）}{（ため）}. \tag{10.108}$$

幾何学的に表現すると，(x, p) を直交座標とする平面上で振動子は楕円軌道を描くが，楕円を一周するのに要する時間は初期条件によらず一定であるし，楕円の縦横の半径の長さの比も初期条件によらず一定である（図 10.1(a)）．この意味で，角振動数とインピーダンスはシステムに固有のパラメータである．初期条件に依存するのは，楕円の面積と初期位相である．

分母と分子のどちらが「ため」でどちらが「いきおい」かという割りあては恣意的である．同じ Z でも (10.95) のように

$$Z = \frac{\Delta f}{\Delta v} = \frac{(\text{ばねの伸縮で生じる力})}{(\text{おもりの速さ})} \tag{10.109}$$

と書くと，「ため／いきおい」の比のように解釈される．電気回路のインピーダンスも，電荷の移動という観点から見ると

$$Z = \frac{\Delta V}{\Delta I} = \frac{\Delta Q/C}{\Delta \dot{Q}} = \frac{(\text{コンデンサにたまった電荷の電圧})}{(\text{電流})} \tag{10.110}$$

であり，「圧／流れ」，「ため／いきおい」のように解釈できる．電流を主体に考えれば

$$Z = \frac{\Delta V}{\Delta I} = \frac{L\,\Delta \dot{I}}{\Delta I} = \frac{(\text{コイルの電流変化で生じる起電力})}{(\text{電流})} \tag{10.111}$$

と書けて，分子の方が変化量らしく見える．ともかく**2つの変数が交互に揺れることが振動現象の普遍的な特徴**であり，調和振動においてはそれら**2つの振幅の比は初期条件によらないシステム固有のパラメータ**になる，それがインピーダンスなのだ．一方の変数は他方の変数の時間微分に比例するので，片方を「ため」と解釈すればもう一方は「いきおい」の変数になる．

　力学変数の選び方はシステム次第であり，機械インピーダンスは運動量／変位という力学変数の比として定められ，電気インピーダンスは電圧／電流の比で定められる．機械と電気回路は質的に異なるシステムなので，**両者のインピーダンスの大小を比べることは意味をなさない**．こういう事情のせいで，インピーダンスは分野を超えた通約的な理解はしづらい概念になっている．ただ，機械と機械を結合させたり（2つの機械の間で運動量やエネルギーのやりとりを可能にする），電気回路同士を接続させる（電圧を伝える）ときなど，**同種の物理量を持つ準同型なシステムを連結するときにはインピーダンスの比較が意味を持つ**．

　もう一つ言うと，例えば質量は，2つの系を合体させれば，全体の質量は部分の質量の和に等しいという意味で**加法的**な量だが，2つの系を合体させてもインピーダンスの足し算はとくに意味を持たない．つまり，**インピーダンスは同種システムの並存・合体に関して加法的な物理量ではない**．もともとインピーダンスが一つの系が持つ2つの物理量の比として定められるパラメータであり，

密度や率に似た示強量なので，加法的でないのはしかたない．この非加法性という特性もインピーダンスのわかりにくさの一因だと思われる（ただし，電気回路の直列つなぎの場合は電気インピーダンスを足し算できる．これは電圧の加法性と電流の保存性を反映している）．しかし，その点は角振動数 ω も同様で，角振動数 ω_1 の振動系と角振動数 ω_2 の振動系をくっつけたところで，角振動数 $\omega_1 + \omega_2$ の振動が起きるわけではない．角振動数も位相（振動回数）と時間の比で定義されるパラメータなので，示強的であり，加法的ではない．

なお，振動子の連立微分方程式 (10.82) は，$p = Zy = m\omega y$ $(v = p/m = \omega y)$ とおくことによって変数 p を y で書き換えると

$$\frac{dx}{dt} = \omega y, \qquad \frac{dy}{dt} = -\omega x \tag{10.112}$$

という，インピーダンス Z の現れない式になる．こうすると，x と y はともに「長さ」の次元を持つ変数であり，x の振幅と y の振幅の比はつねに 1 である．例えば $x = a\sin\omega t$, $y = a\cos\omega t$ が (10.112) の解になることは一目瞭然だろう．このように共役変数 x と y の物理次元を揃えてしまうと，「ため」と「いきおい」という区別も意味をなさず，システムの力学的特性は見えなくなる．

【補足】ここまでは点粒子の振動の特性パラメータとしてのインピーダンスを調べたが，以下では電磁波を例に挙げて空間中を伝播する波動の特性パラメータとしてのインピーダンスについて説明しよう．D, H, E, B はすべて (x, t) の関数とし，場の運動方程式

$$\frac{\partial D}{\partial t} = -\frac{\partial H}{\partial x} \qquad \left(\frac{\partial \boldsymbol{D}}{\partial t} = \mathrm{rot}\,\boldsymbol{H} \ \text{の一部}\right), \tag{10.113}$$

$$\frac{\partial B}{\partial t} = -\frac{\partial E}{\partial x} \qquad \left(\frac{\partial \boldsymbol{B}}{\partial t} = -\mathrm{rot}\,\boldsymbol{E} \ \text{の一部}\right) \tag{10.114}$$

と構成方程式

$$D = \varepsilon_0 E, \qquad B = \mu_0 H \tag{10.115}$$

を満たすとする．電磁気学では E は電場，H は磁場，D は電束密度，B は磁束密度を表す．ε_0 は真空の誘電率，μ_0 は真空の透磁率である．(10.113), (10.114) は電場の y 成分と磁場の z 成分に限定した**マクスウェル方程式** (Maxwell equation) なのだが，いまはマクスウェル方程式のことは知らなくてもよい．これらを E と H だけの方程式に書き直すと

$$\varepsilon_0 \frac{\partial E}{\partial t} = -\frac{\partial H}{\partial x}, \tag{10.116}$$

$$\mu_0 \frac{\partial H}{\partial t} = -\frac{\partial E}{\partial x} \tag{10.117}$$

となり，さらに両辺を微分して

$$\varepsilon_0 \mu_0 \frac{\partial}{\partial t}\frac{\partial E}{\partial t} = -\mu_0 \frac{\partial}{\partial t}\frac{\partial H}{\partial x} = -\mu_0 \frac{\partial}{\partial x}\frac{\partial H}{\partial t} = \frac{\partial}{\partial x}\frac{\partial E}{\partial x} \tag{10.118}$$

と式変形すれば，E についての 2 階の微分方程式

$$\frac{1}{c^2}\frac{\partial^2 E}{\partial t^2} = \frac{\partial^2 E}{\partial x^2} \tag{10.119}$$

になる．この式は**波動方程式** (wave equation) と呼ばれる．ここで

$$c := \frac{1}{\sqrt{\varepsilon_0 \mu_0}} \tag{10.120}$$

とおいたが，c は速さの次元を持つ定数になっている（じつは光速 $c \fallingdotseq 3.00 \times 10^8 \, \mathrm{m \cdot s^{-1}}$）．さらに，

$$Z := \sqrt{\frac{\mu_0}{\varepsilon_0}} \tag{10.121}$$

と定めると，

$$\varepsilon_0 = \frac{1}{cZ}, \qquad \mu_0 = \frac{Z}{c} \tag{10.122}$$

であり，(10.116), (10.117) は

$$\frac{1}{c}\frac{\partial E}{\partial t} + Z\frac{\partial H}{\partial x} = 0, \tag{10.123}$$

$$\frac{Z}{c}\frac{\partial H}{\partial t} + \frac{\partial E}{\partial x} = 0 \tag{10.124}$$

となる．(10.123) と (10.124) の和と差は

$$\left(\frac{\partial}{\partial x} + \frac{1}{c}\frac{\partial}{\partial t}\right)(E + ZH) = 0, \tag{10.125}$$

$$\left(\frac{\partial}{\partial x} - \frac{1}{c}\frac{\partial}{\partial t}\right)(E - ZH) = 0 \tag{10.126}$$

となる．これらは進行波の方程式であり，(10.125), (10.126) の解はそれぞれ

$$E(x,t) + ZH(x,t) = f(x - ct), \tag{10.127}$$

$$E(x,t) - ZH(x,t) = g(x + ct) \tag{10.128}$$

である．ただし f, g は微分可能な任意の実数値関数である．ゆえに

$$E(x,t) = \frac{1}{2}\big\{f(x - ct) + g(x + ct)\big\}, \tag{10.129}$$

$$H(x,t) = \frac{1}{2Z}\{f(x-ct) - g(x+ct)\} \tag{10.130}$$

となる. 関数 $f(x-ct)$ は x 軸の正の方向に速度 c で進む波を表している. 関数 $g(x+ct)$ は x 軸の負の方向に速度 c で進む波を表している. 波と言っても三角関数に限定されず, どんな波形でもよい. そして $(E+ZH)$ あるいは $(E-ZH)$ がひとまとまりになっていることからわかるように, 電場 E の振幅と磁場 H の振幅の比は

$$Z = \frac{\Delta E}{\Delta H} = \sqrt{\frac{\mu_0}{\varepsilon_0}} \tag{10.131}$$

となって, 波形によらず, つねに一定である. この Z を**電磁波の特性インピーダンス** (wave impedance) あるいは**真空のインピーダンス**という. 電場 E の単位は $\mathrm{V\cdot m^{-1}}$ (ボルト毎メートル) であり, 磁場 H の単位は $\mathrm{A\cdot m^{-1}}$ (アンペア毎メートル) なので, Z の単位は $\mathrm{V\cdot A^{-1}}$ すなわちオームである. つまり電磁波の Z は, 電気回路のインピーダンス (10.106) と同様, 「電圧／電流」という比であり, 電気抵抗の次元を持つ. 実際, その値は $Z \fallingdotseq 376.73\,\Omega$ (オーム) である. しかし電磁波の Z も「直流電流の流れにくさ」や「ジュール熱の不可逆的発生器」に相当する電気抵抗ではなく, 振動する電場の振幅と磁場の振幅の比を表すものである.

いまは真空のインピーダンスを求めたが, 例えば, 空気中と水中ではインピーダンスの値が異なり, インピーダンスの異なる物質が接触する境界面で電磁波の一部は反射される. つまりインピーダンス・マッチングができていないとエネルギーの全量は伝わらない.

音波についてもインピーダンスが定義される. かようにインピーダンスという概念は振動・波動現象にあまねく浸透している. 振動子や波動場は量子論でも重要なシステムであり, その力学的特性の捉え方を知っておくと, のちのち役に立つと思う.

なお, 電気回路のひとまとまりの変数 $(V+iZI)$ の中で iZI が純虚数になっていることを反映して, 電圧と電流の位相は $90°$ ずれる. さらに電気抵抗 R があると, 構成方程式 (10.99) は $V = Q/C + RI$ に変わる. その場合の扱いは考えてみてほしい. 電磁波の方程式の変数は $(E+ZH)$ でまとまっていて, 電波と磁波の位相のずれはない.

問 10-1. 調和振動子のハイゼンベルク方程式 (10.24), (10.25) を確かめよ.

問 10-2. 周波数 ν の光子は $\varepsilon = h\nu$ のエネルギーを持つ. 太陽光発電や光合成で 2 ボルトの光電効果を持つ光の周波数はいくらか？　ただし, 2 ボルトの光電効果とは, 1 個の光子が 1 個の電子に $2 \times 1.6 \times 10^{-19}$ J (ジュール) のエネルギーを与えることを意味する. また, この光の波長はいくらか？　この光は何色に見えるか？　ただし, 光の速さは $c = 3.0 \times 10^8\,\mathrm{m\cdot s^{-1}}$ であり, プランク定数は $h = 6.6 \times 10^{-34}$ J$\cdot$s である.

問 10-3. (i) $n = 1, 2, \cdots$ について $[\hat{A}, (\hat{A}^\dagger)^n] = n(\hat{A}^\dagger)^{n-1}$ を証明せよ.

(ii) (10.57) の $\langle \phi_m | \phi_n \rangle = \delta_{mn}$ を証明せよ.

問 10-4. (i) 関数 (10.69) は方程式 (10.68) の解になっていることを確認せよ.

(ii) 関数 (10.69) の指数関数の引数

$$\frac{m\omega}{2\hbar}x^2 \tag{10.132}$$

は無次元量であることを確認せよ.

(iii) 関数 (10.69) の係数を

$$c = \left(\frac{m\omega}{\pi\hbar}\right)^{\frac{1}{4}} \tag{10.133}$$

とおけば $\langle\phi_0|\phi_0\rangle = 1$ が成り立つことを示せ.

問 10-5. (10.75) の式変形を確かめよ.

問 10-6. (i) 生成・消滅演算子の定義式 (10.26) を $\hat{X}, \hat{P}$ について解くと

$$\hat{X} = \frac{\sqrt{2m\hbar\omega}}{2m\omega}(\hat{A} + \hat{A}^\dagger) = \sqrt{\frac{\hbar}{2m\omega}}(\hat{A} + \hat{A}^\dagger), \tag{10.134}$$

$$\hat{P} = \frac{\sqrt{2m\hbar\omega}}{2i}(\hat{A} - \hat{A}^\dagger) = -i\sqrt{\frac{m\hbar\omega}{2}}(\hat{A} - \hat{A}^\dagger) \tag{10.135}$$

となる. これらと (10.58), (10.59) などを使って

$$\langle\phi_m|\hat{X}|\phi_n\rangle, \qquad \langle\phi_m|\hat{P}|\phi_n\rangle \tag{10.136}$$

を求めよ.

(ii) (10.136) は行列 $\hat{X}, \hat{P}$ の m 行 n 列目の成分と見なせる. ただし, ここでの行番号・列番号は $m, n = 0, 1, 2, 3, \cdots$ であることに注意. これらの行列の積 $\hat{X}\hat{P}, \hat{P}\hat{X}, \hat{X}\hat{P} - \hat{P}\hat{X}$ を求めて, $[\hat{X}, \hat{P}] = i\hbar\hat{I}$ が成り立っていることを確認せよ. (この結果は, $L^2(\mathbb{R})$ 空間ではなく ℓ^2 空間上でも位置演算子と運動量演算子を表現できることを示している.)

(iii) (10.134), (10.135) を用いて

$$\sigma_n(\hat{X})^2 = \langle\phi_n|\hat{X}^2|\phi_n\rangle - \langle\phi_n|\hat{X}|\phi_n\rangle^2, \tag{10.137}$$

$$\sigma_n(\hat{P})^2 = \langle\phi_n|\hat{P}^2|\phi_n\rangle - \langle\phi_n|\hat{P}|\phi_n\rangle^2 \tag{10.138}$$

を求めて, $\sigma_n(\hat{X}) \cdot \sigma_n(\hat{P})$ を求めよ. これは調和振動子のエネルギー固有状態における不確定性関係を調べたことになる.

(iv) $\sigma_n(\hat{P})/\sigma_n(\hat{X})$ が調和振動子のインピーダンスと一致していることを確認せよ.

(v) エネルギー固有状態とは限らない任意の状態においても運動量と位置の標準偏差の比 $\sigma(\hat{P})/\sigma(\hat{X})$ はインピーダンスと一致するか?

付録 A

数学記号の書き方

　数学的な対象の集まりを**集合** (set) という．集合は，$X = \{2, 4, 6, 8, 10\}$ のように，それに属する対象をすべて列挙して書き表されることもある．a が集合 X に属することを $a \in X$ と書き，a は X の**元**あるいは**要素** (element) であるという．b が集合 X に属さないことを $b \notin X$ と書く．$X = \{2, 4, 6, 8, 10\}$ なら $6 \in X$ だが $7 \notin X$ である．実数全体の集合 $\mathbb{R}$ や複素数全体の集合 $\mathbb{C}$ のように，それに属する元全部を書ききることは不可能であるような集合もある．

　集合 X と Y があって，集合 X の各元 x に集合 Y の元 $f(x)$ を対応させる f を集合 X から Y への**写像** (mapping) といい，$f : X \to Y$ と書く．集合から集合への対応 $f : X \to Y$ と，元から元への対応 $f : x \mapsto f(x)$ とを区別して書く．

　等号 (equal) として「$=$」と「$:=$」という 2 種類の記号を使い分ける．「$:$」はコロン (colon) という記号である．「$=$」は**相等子**と呼ばれ，$A = B$ と書くときは，A も B もすでに別々に定義されている式であり，A と B が等しいかと問うた結果，等しいと判定されたことを表す．例えば

$$(a + b)^2 = a^2 + 2ab + b^2 \tag{A.1}$$

という式は「左辺と右辺は別々の手順で計算される数式だが結果的に等しい」ことを意味する．例えば，

$$(99 + 1)^2 = 99^2 + 2 \cdot 99 \cdot 1 + 1^2 \tag{A.2}$$

の左辺と右辺は，計算の手間はだいぶ異なるが，結果的に等しい．また，

$$x^2 = 36 \tag{A.3}$$

は x がどんな数でも成り立つ等式ではない．このような式は**方程式**と呼ばれ，等式が成立する x の値は**解**とか**根**と呼ばれる．これに対して (A.1) のようにどんな a, b に対しても成立する等式は**恒等式**と呼ばれる．

「:=」は**定義子**あるいは**代入子**と呼ばれ，$X := A$ と書くときは，X は未定義の記号であり，A はすでに定義された式である．定義済みの A を用いて，未定義だった X を定義しようというのが $X := A$ という式の役割である．例えば，

$$e_1 := \sum_{n=0}^{\infty} \frac{1}{n!} = 1 + \frac{1}{1} + \frac{1}{2!} + \frac{1}{3!} + \cdots \tag{A.4}$$

という式は e_1 を定義している．あるいは，「式 (A.4) は e_1 という新出の記号の正体を定めている」とも言える．また，

$$e_2 := \lim_{n \to \infty} \left(1 + \frac{1}{n} \right)^n \tag{A.5}$$

という式は e_2 を定義している．こうして e_1 と e_2 は定義済みの記号になったのだが，じつは e_1 と e_2 は等しい：

$$e_1 = e_2 = 2.71828182846\cdots. \tag{A.6}$$

e_1 の定義式と e_2 の定義式を見ても $e_1 = e_2$ であることはすぐにはわからないだろう．だから $e_1 = e_2$ であることは証明を要する．このように 2 種類のイコール記号「=」と「:=」をなるべく意識的に区別するとよい．

また，「P ならば Q」のことを $P \Rightarrow Q$ と書き，「P は Q を**含意する** (imply)」と言ったり，「P は Q の**十分条件** (sufficient condition)」，「Q は P の**必要条件** (necessary condition)」だと言う．例えば，整数 x について次のことが言える：

$$x \text{ が } 12 \text{ で割り切れる } \Rightarrow x \text{ が } 3 \text{ で割り切れる．} \tag{A.7}$$

「P ならば Q，かつ，Q ならば P」のことを $P \Leftrightarrow Q$ と書き，「P は Q の**必要十分条件** (necessary and sufficient condition)」だと言う．例えば，整数 x について次のことが言える：

$$x \text{ が } 12 \text{ で割り切れる} \iff \begin{cases} x \text{ が } 3 \text{ で割り切れる}, \\ \text{かつ}, \\ x \text{ が } 4 \text{ で割り切れる}. \end{cases} \tag{A.8}$$

一方で，X という命題は A という命題の言い換えにすぎないことは $X :\iff A$ と書く．例えば，

$$\text{三角形 ABC は正三角形である} :\iff 3 \text{ 辺の長さが等しい} \tag{A.9}$$

は正三角形という概念を定義している．一方で

$$\text{三角形 ABC は正三角形である} \iff 3 \text{ 角の大きさが等しい} \tag{A.10}$$

は正三角形になるための必要十分条件である．

　数式を見たり書いたりするときは恒等式・方程式・定義式の区別をしてほしい．また，数学的な文章を読み書きするときは，定義を述べているのか，必要条件を言っているのか，十分条件を言っているのかといったことを気にしてほしい．

付録 B

複素数の性質

B-1　複素数

　複素数は量子力学において最も基本的な道具・言葉である．複素数自体は抽象的な記号にすぎないが，たいして難しいものではないし，複素平面という視覚イメージを持つと理解しやすくなる．しかし，実際に自分で手を動かして計算したり絵を描いたりしないと，自在に扱えるようにならないので，面倒くさがらずに計算練習をやってほしい．

　実数 (real number) 全体の集合を $\mathbb{R}$ と書く．実数どうしは加減乗除（和差積商）の四則演算ができる（0 で割ることだけはできない）．**実数は 2 乗すれば必ず正または 0 になる**：

$$\forall x \in \mathbb{R}, \quad x^2 \geq 0. \tag{B.1}$$

ゆえに，**2 乗して負になる実数はない**．例えば方程式

$$x^2 = 2 \tag{B.2}$$

には

$$x = \pm\sqrt{2} = \pm 1.41421356\cdots \tag{B.3}$$

という実数の根（こん）が存在するが，

$$x^2 = -1 \tag{B.4}$$

という方程式を満たす実数 x はない．それでも形式的に

$$i := \sqrt{-1} \tag{B.5}$$

という記号を定めて，$x^2 = -1$ の根を $x = \pm i$ と書くことにする．i は**虚数単位** (imaginary unit) と呼ばれる．ともかく i は $i^2 = -1$ を満たす記号である．虚数を使えば，例えば

$$x^2 = -4 \tag{B.6}$$

の根は

$$x = \pm\sqrt{-4} = \pm 2i \tag{B.7}$$

と書ける．

2 つの実数 x, y に対して

$$z = x + iy \tag{B.8}$$

と書かれる記号 z を**複素数** (complex number) という．複素数全体の集合を $\mathbb{C}$ と書く．また，複素数 $z = x + iy$ に対し

$$x = \mathrm{Re}\, z, \qquad y = \mathrm{Im}\, z \tag{B.9}$$

と書き，x を z の**実部** (real part)，y を z の**虚部** (imaginary part) という．

2 つの複素数 z_1, z_2 が等しいことを以下のように定める．実数 x_1, y_1, x_2, y_2 により

$$z_1 = x_1 + iy_1, \qquad z_2 = x_2 + iy_2 \tag{B.10}$$

と表すなら，$z_1 = z_2$ とは

$$x_1 = x_2 \quad かつ \quad y_1 = y_2 \tag{B.11}$$

のことである．実数 a, b, c, d に対して

$$z = a + ib, \qquad w = c + id \tag{B.12}$$

で 2 つの複素数 z, w を定めると，これらの和差積商は

$$z + w = (a + ib) + (c + id) := (a + c) + i(b + d), \tag{B.13}$$

$$z - w = (a + ib) - (c + id) := (a - c) + i(b - d), \tag{B.14}$$

$$zw = (a + ib)(c + id) := ac - bd + i(ad + bc), \tag{B.15}$$

$$\frac{z}{w} = \frac{a + ib}{c + id} := \frac{(a + ib)(c - id)}{(c + id)(c - id)} = \frac{ac + bd + i(-ad + bc)}{c^2 + d^2} \tag{B.16}$$

で定められる．$z = a + ib$ の虚部の符号を変えた複素数を

$$z^* = a - ib \tag{B.17}$$

と書き，z^* を z の**共役複素数** (conjugate) という．z^* のことを $\bar{z}$ と書く流儀もある．定義より

$$\operatorname{Re} z = \frac{1}{2}(z + z^*), \qquad \operatorname{Im} z = \frac{1}{2i}(z - z^*) \tag{B.18}$$

が成り立つ．また，

$$|z| = |a + ib| := \sqrt{a^2 + b^2} \tag{B.19}$$

を z の**絶対値** (absolute value) という．$|z|$ は必ず非負（正または 0）の実数である．$z = a + ib$ の絶対値 2 乗は

$$|z|^2 = z^* z = (a - ib)(a + ib) = a^2 + b^2 \tag{B.20}$$

に等しい．また，任意の実数 a, b に対して，$b^2 \geq 0$, $a^2 \geq 0$ なので $a^2 + b^2 \geq a^2$, $a^2 + b^2 \geq b^2$ が成り立ち，ゆえに $\sqrt{a^2 + b^2} \geq |a| \geq a$, $\sqrt{a^2 + b^2} \geq |b| \geq b$, すなわち

$$|z| \geq |\operatorname{Re} z| \geq \operatorname{Re} z, \qquad |z| \geq |\operatorname{Im} z| \geq \operatorname{Im} z \tag{B.21}$$

が成り立つ．

B-2　複素平面

実数 x を横軸の数直線で表し，実数 y を縦軸の数直線で表せば，複素数 $z = x+iy$ は xy 平面上の点で表される．このような平面を**複素平面** (complex plane) という（図 1.4）．

複素平面上の点 $z = x + iy$ と原点 0 との距離は，絶対値

$$|z| = \sqrt{x^2 + y^2} \tag{B.22}$$

に等しい．また，原点 0 から発して点 z を通る半直線と x 軸のプラス側の半直線とがなす角 θ を z の**偏角** (argument) あるいは**位相** (phase) という．ラジアン単位で測った偏角を

$$\theta = \arg z \tag{B.23}$$

と書く．このとき $x = |z| \cos\theta$, $y = |z| \sin\theta$ なので $z = x+iy$ は

$$z = |z| \left(\cos\theta + i \sin\theta\right) \tag{B.24}$$

と書ける．これを複素数の**極表示**あるいは**極形式**ともいう．

偏角の値は 2π の整数倍の和の分だけ不定性がある．つまり $\theta = \alpha$ が (B.24) を満たすなら，任意の整数 n について $\theta = \alpha + 2\pi n$ とおいたものも (B.24) を満たす．なので，

$$\arg z = \alpha + 2\pi n \qquad (n \in \mathbb{Z}) \tag{B.25}$$

と書くことが推奨される．ここで $\mathbb{Z}$ は整数全体の集合である．また，α の範囲を $-\pi < \alpha \leq \pi$ または $0 \leq \alpha < 2\pi$ の範囲に限定して $\mathrm{Arg}\, z = \alpha$ と書いて，「z の偏角の主値」と呼ぶこともある．

B-3　指数関数

正の実数 a を n 回（$n = 1, 2, 3, \cdots$）掛け算した数を

$$a^n := a \times a \times \cdots \times a \quad (n \text{ 個の } a \text{ の積}) \tag{B.26}$$

と書く．a^n を，a を底とする**指数関数**という．この定義から，**指数法則**と呼ばれる性質

$$a^m \cdot a^n = a^{m+n} \tag{B.27}$$

が導かれる．指数関数の素朴な定義式 (B.26) によって，x が自然数であれば a^x は定義されるが，x の値が 0 や負の整数や分数や無理数や複素数の場合でも a^x が指数法則を満たすことを要請して a^x の定義域を拡張することができる．つまり，一般の指数関数 $\phi(x)$ は

$$\phi(x + y) = \phi(x) \cdot \phi(y) \tag{B.28}$$

を満たすものであると要請する．この要請から

$$\phi(x) = \phi(x + 0) = \phi(x) \cdot \phi(0) \tag{B.29}$$

なので，$\phi(x) \neq 0$ であれば

$$\phi(0) = 1 \tag{B.30}$$

がわかる．もしも $\phi(b) = 0$ となるような数 b があれば，任意の x について

$$\phi(x) = \phi(x - b + b) = \phi(x - b) \cdot \phi(b) = 0$$

が言えてしまい，$\phi(x)$ は恒等的に 0 になってしまう．恒等的に 0 であるような関数 ϕ はもちろん指数法則 (B.28) を満たすが，つまらない関数なので，$\phi(b) = 0$ となるような b は存在しないことを要請する．そうすると，任意の x に対して $\phi(x) \neq 0$ である．

指数関数 $\phi(x)$ の性質を知るために，その微分を調べる：

$$\frac{d\phi}{dx} = \lim_{h \to 0} \frac{\phi(x+h) - \phi(x)}{h} = \lim_{h \to 0} \frac{\phi(x) \cdot \phi(h) - \phi(x)}{h}$$
$$= \left\{ \lim_{h \to 0} \frac{\phi(h) - 1}{h} \right\} \cdot \phi(x) = c \cdot \phi(x). \tag{B.31}$$

最後の行では極限値 c の存在を仮定した．関数 $\phi(x)$ は x で微分しても定数倍になるだけである．とくに $c = 1$ となる関数を想定し，微分方程式の初期値問題

$$\frac{d\phi}{dx} = \phi(x), \qquad \phi(0) = 1 \tag{B.32}$$

の級数解

$$\phi(x) = \sum_{n=0}^{\infty} \frac{1}{n!} x^n = 1 + x + \frac{1}{2}x^2 + \frac{1}{3!}x^3 + \frac{1}{4!}x^4 + \cdots \tag{B.33}$$

を「自然な指数関数」と呼ぶこともある．この $\phi(x)$ を e^x あるいは $\exp x$ と書く．この式で指数関数を定義しておくと，引数 x に実数でも複素数でも正方行列でも入れることができる．

B-4　複素数の指数関数

z が複素数であっても (B.33) の式をそのまま使って複素数の指数関数

$$e^z = \exp z := \sum_{n=0}^{\infty} \frac{1}{n!} z^n = 1 + z + \frac{1}{2}z^2 + \frac{1}{3!}z^3 + \frac{1}{4!}z^4 + \cdots \tag{B.34}$$

で定義する．当たり前ではないことだが，任意の複素数 z に対してこの無限級数は収束する．明らかに

$$e^0 = 1 \tag{B.35}$$

である．複素数 A と実数 t に関して

$$\frac{d}{dt} e^{At} = A\, e^{At} \tag{B.36}$$

が成り立つ．逆に，初期条件付きの微分方程式

$$\frac{d}{dt}f(t) = A f(t), \qquad f(0) = c \tag{B.37}$$

の解は

$$f(t) = c \, e^{At} \tag{B.38}$$

である．また，任意の複素数 z, w に対して

$$(\exp z)^* = \exp(z^*), \tag{B.39}$$

$$e^{z+w} = e^z \cdot e^w \tag{B.40}$$

が成り立つ．実数 θ に対して

$$\left| e^{i\theta} \right|^2 = e^{i\theta} \left(e^{i\theta} \right)^* = e^{i\theta} e^{-i\theta} = e^{i\theta - i\theta} = e^0 = 1 \tag{B.41}$$

が成り立つので，

$$\left| e^{i\theta} \right| = 1 \tag{B.42}$$

である．また，

$$e^{i\theta} = \cos\theta + i\sin\theta, \qquad e^{-i\theta} = \cos\theta - i\sin\theta \tag{B.43}$$

あるいは

$$\begin{aligned}
\cos\theta &:= \frac{1}{2}\left(e^{i\theta} + e^{-i\theta} \right) \\
&= \sum_{k=0}^{\infty} \frac{(-1)^k}{(2k)!} \theta^{2k} = 1 - \frac{1}{2!}\theta^2 + \frac{1}{4!}\theta^4 - \cdots
\end{aligned} \tag{B.44}$$

$$\begin{aligned}
\sin\theta &:= \frac{1}{2i}\left(e^{i\theta} - e^{-i\theta} \right) \\
&= \sum_{k=0}^{\infty} \frac{(-1)^k}{(2k+1)!} \theta^{2k+1} = \theta - \frac{1}{3!}\theta^3 + \frac{1}{5!}\theta^5 - \cdots
\end{aligned} \tag{B.45}$$

によって三角関数 $\cos, \sin$ を定義する．(B.43) を使うと，複素数の極表示 (B.24) は

$$z = |z|\, e^{i\theta} \tag{B.46}$$

とも書ける.

問 B-1. 任意の実数 α, β について成り立つ関係式

$$e^{i(\alpha+\beta)} = e^{i\alpha}\, e^{i\beta} \tag{B.47}$$

から

$$\cos(\alpha + \beta) = \cos\alpha \cos\beta - \sin\alpha \sin\beta \tag{B.48}$$

$$\sin(\alpha + \beta) = \sin\alpha \cos\beta + \cos\alpha \sin\beta \tag{B.49}$$

を導け.

問 B-2. 2 つの複素数

$$z = a + ib = |z|\, e^{i\alpha}, \qquad w = u + iv = |w|\, e^{i\beta} \tag{B.50}$$

について $0, 1, i, z, w, z+w, z-w, zw, z^*, 1/z$ を複素平面上の点として表せ.

問 B-3. 級数関数 (B.33) が初期条件付き微分方程式 (B.32) を満たすことを示せ.

参考文献

本書の内容に関係する順に参考書を紹介します．同類の内容の参考書が複数あるときは，先に読んだ方がよいと思われる本を先に挙げます．

[1] 谷村省吾『ゼロから学ぶ数学・物理の方程式』（講談社, 2005）．大学の数学で落ちこぼれたと思う人は読んでほしいです．主な内容は複素数と微分方程式についての解説です．

[2] 木村俊一『天才数学者はこう解いた，こう生きた―方程式四千年の歴史』（講談社, 2001）．代数方程式の歴史についての本です．複素数の意義がよくわかります．一見易しそうな本ですが，深いことが書かれています．

[3] 洲之内治男・猪股清二『関数論』（サイエンス社, 1992）．複素関数についての本です．要点が要領よくまとまっています．

[4] 高橋礼司『複素解析』（東京大学出版会, 1990）．複素関数についての本格的な教科書．

[5] ファインマン，レイトン，サンズ（砂川重信 訳）『ファインマン物理学 5：量子力学』（岩波書店, 1986）．ファインマン一流の物理的洞察が豊富に盛り込まれている本です．私（谷村省吾）は学生時代にこの本を読んで量子力学が初めてわかった気がしました．

[6] L. I. Schiff, Quantum Mechanics, 3rd ed. (McGraw-Hill, 1969). シッフ『量子力学（上下）』（吉岡書店, 1970, 1972）．量子力学の伝統的な教科書です．日本語訳もありますが英語版の方が読みやすいと思います．エルミート多項式やルジャンドル多項式やラゲール多項式など特殊関数を用いてシュレーディンガー方程式を解くのは煩わしい気もしますが，シッフの解説はクリアでわかりやすいと思います．

[7] J. J. Sakurai, Modern Quantum Mechanics, 1st ed. (Benjamin, 1985). すでに古い本になってしまいましたが，出版されたときは斬新なスタイル・内容で注目され，その後の量子力学の教科書の書き方に大いに影響を与えた本です．日本語訳もありますが，原著の英語版の方が読みやすいです．英語版は版を重ねていますが，後の版は原著者が亡くなった後で書き足された部分が多く，第 1 版の方がすっきりしていてよかったと思います．

[8] 竹内外史『線形代数と量子力学』（裳華房, 1981）．数学者が書いた量子力学の教科書です．これを読むと線形代数と量子力学の両方がわかります．量子論理についても書かれていて，著者の好みが感じられます．

[9] 竹内外史「物理学者への期待」，日本物理学会 50 周年記念『日本物理学会誌』1996 年 51 巻 3 号 p.194．数学者である竹内氏が物理学についての思いを語った珍しい記事です．
https://www.jstage.jst.go.jp/article/butsuri1946/51/3/51_KJ00002751553/_a

rticle/-char/ja/

[10] 清水明『新版 量子論の基礎』(サイエンス社, 2004). 著者の個性がよく表れている本です.
ベルの不等式(CHSH の不等式)の破れを干渉効果で説明するあたりがとくに面白いです.

[11] 北野正雄『量子力学の基礎』(共立出版, 2010). 他の本でひととおり量子力学を勉強してか
らこれを読むと, いろいろなことをじっくり考えることができます. 量子情報の入門にも
なります.

[12] 上田正仁『現代量子物理学』(培風館, 2004). 最近の研究成果も盛り込まれていて, 理論と
実験の解説のバランスのよい教科書だと思います.

[13] 佐藤文隆『量子力学ノート——数理と量子技術』(サイエンス社, 2013). これも新しいスタ
イルの本です. 佐藤文隆氏はもともと宇宙物理で有名な方ですが, 量子力学・量子情報に
も強い関心を寄せています.

[14] 谷村省吾「21 世紀の量子論入門」(現代数学社『理系への数学』2010 年 5 月号から 2012
年 4 月号まで連載). 代数的量子論という新しいスタイルで書かれた解説です. 単行本化
を予定しています. とくに「第 8 回：ベルの不等式とミステリー姉妹」2010 年 12 月号
pp.59-65 にベルの不等式(CHSH の不等式)についての解説があります.

[15] 新井朝雄『ヒルベルト空間と量子力学』(共立出版, 1997). 量子力学で使われている数学を
きっちり学びたい人向けです.

[16] 加藤敏夫(黒田成俊 編集)『量子力学の数学理論』(近代科学社, 2017). 日本人が量子力
学の数学的基礎に貢献していたことを知ることができる一冊です. 緒言(まえがき)が感
動的.

[17] 江沢洋『だれが原子をみたか』(岩波書店, 1976). 「すべての物質は原子でできている」と
いうことをどうして人々は信じられるようになったのかという科学の発見とアイデアの歴
史物語です.

[18] ジャン・ペラン(玉蟲文一 訳)『原子』(岩波書店, 1978. フランス語初版は 1913 年). 著
者ペランは分子を数える方法の研究によりノーベル物理学賞を受賞した人です. 訳者の序
言が感動的.

[19] シュポルスキー(玉木英彦 他 訳)『原子物理学 I』(東京図書, 1966). 歴史をたどって物理
を勉強したい人に向いている本です.

[20] SI 単位系, CODATA. 長さや質量などの物理量の単位は世界共通でないと不便なので,
国際単位系(フランス語で Système International d'unités, SI 単位系と略される)が
定められています. メートルやキログラムも SI 単位系に含まれています. 2018 年 11
月 16 日に SI 単位系の改訂が決議され, 2019 年 5 月 20 日から新しい単位系の使用
が実施されています. これらの取り決めを行っているのが CODATA (Committee on
Data for Science and Technology) です. 詳しいデータをネットで見ることができます.
https://physics.nist.gov/cuu/Constants/index.html

[21] 佐藤文隆, 北野正雄『新 SI 単位と電磁気学』(岩波書店, 2018). 物理量を定義する・測る
とはどういうことかについて深く考えられて書かれています. インピーダンスの物理的意
味についてここまできちんと書かれている本はなかなかないと思います.

[22] 筒井泉『量子力学の反常識と素粒子の自由意志』(岩波書店, 2015). 物理量の値の非実在性についてやさしく解説されています.

[23] 筒井泉『電磁場の発明と量子の発見』(丸善出版, 2020). 主題は電磁気学の歴史ですが, 量子論への入口としての電磁気学の役割についても書かれています.

[24] 佐藤文隆『アインシュタインの反乱と量子コンピュータ』(京都大学学術出版会, 2009). 量子力学を巡る論争が面白く描かれている本です.

[25] マンジット・クマール (青木薫 訳)『量子革命—アインシュタインとボーア, 偉大なる頭脳の激突』(新潮社, 2013). アインシュタインもボーアも量子力学の創始者ですが, 出来上がった量子力学に対してアインシュタインは終生批判的でした. 彼らの論争の展開を追う物語です.

[26] 朝永振一郎『量子力学と私』(岩波書店, 1997). この本の中の「光子の裁判」をぜひ読んでほしいと思います.

[27] 石井茂『ハイゼンベルクの顕微鏡—不確定性原理は超えられるか』(日経 BP, 2005). 新しい不確定性関係を発見し, 不確定性関係にまつわる誤解を解いた小澤正直氏の研究をフレッシュな形で伝える本です.

[28] 谷村省吾「多様化する不確定性関係」,『パリティ』2016 年 2 月号 p.41 の記事に対する付録. URL: http://hdl.handle.net/2237/00030696 さまざまなバージョンの不確定性関係が昔から研究されていますが, これはそれらの紹介・解説です.

[29] 谷村省吾「揺らぐ境界—非実在が動かす実在」『日経サイエンス』2013 年 7 月号 pp.36–45 (別冊日経サイエンス No.199『量子の逆説』pp.66–75 (2014 年 6 月) に再録). 量子論の物理量の値の実在性を検証するベルの不等式 (CHSH の不等式) についての解説です.

[30] 谷村省吾 "「揺らぐ境界—非実在が動かす実在」を読んでいろいろ疑問が湧いた人のための補足"『日経サイエンス』ウェブ公開. URL: http://www.nikkei-science.com/?p=37107 量子論の物理量が非可換演算子であることが物理量の値の非実在性の理由であることを解説しました.

[31] 谷村省吾「アインシュタインの夢 ついえる—測っていない値は実在しない」『日経サイエンス』2019 年 2 月号 pp.64–71. ベルの不等式 (CHSH の不等式) の破れの精密検証実験が行われたので, その意義を解説しました.

[32] 谷村省吾 "『アインシュタインの夢 ついえる:測っていない値は実在しない』を読んで, もっと理解したいと思った人のための補足解説"『日経サイエンス』ウェブ公開. URL: http://www.nikkei-science.com/201902_064.html さらに数式を使った詳しい解説.

[33] 谷村省吾「量子論と代数—思考と表現の進化論」数理科学 2018 年 3 月号 pp. 42–48. 名大リポジトリに全文と補足を公開. URL: http://hdl.handle.net/2237/00030854 物理学と数学の関係について論じました.

[34] 金子尚武, 松本道男『特殊関数』(培風館, 1984). エルミート多項式など, 微分方程式の解として現れる関数は「特殊関数」と総称されます. 特殊関数は量子力学以外にもいろいろなところで応用されているので, 知っておいて損はないと思います.

演習問題の略解

問 1-1. (i) 球体の体積と円柱の体積の等式 $\frac{4}{3}\pi\left(\frac{d}{2}\right)^3 = \pi R^2 h$ を式変形して $h = d^3/(6R^2)$.

(ii) $h = (1\,\text{mm})^3/(6 \times (40\,\text{cm})^2) = (1 \times 10^{-3}\,\text{m})^3/(6 \times (0.4\,\text{m})^2) = (1/0.96) \times 10^{-9}\,\text{m} = 1.0 \times 10^{-9}\,\text{m} = 1.0\,\text{nm}$.

問 1-2. (i) 複素平面上で $0, z, z+w, w$ の 4 点の順に平行四辺形を一周する頂点になる.

(ii) $|z+w|^2 = \||z|e^{i\alpha} + |w|e^{i\beta}\|^2 = (|z|e^{i\alpha} + |w|e^{i\beta})^*(|z|e^{i\alpha} + |w|e^{i\beta}) = (|z|e^{-i\alpha} + |w|e^{-i\beta})(|z|e^{i\alpha}+|w|e^{i\beta})=|z|^2+|w|^2+|z||w|(e^{-i\alpha}e^{i\beta}+e^{i\alpha}e^{-i\beta})=|z|^2+|w|^2+2|z||w|\cos(\beta-\alpha)$. $-\pi < \beta-\alpha \leq \pi$ となるように α,β の値を選ぶと, (a) $|z+w|^2 > |z|^2+|w|^2 \Leftrightarrow -\frac{\pi}{2} < \beta-\alpha < \frac{\pi}{2}$. (b) $|z+w|^2 = |z|^2+|w|^2 \Leftrightarrow \beta-\alpha = \pm\frac{\pi}{2}$. (c) $|z+w|^2 < |z|^2+|w|^2 \Leftrightarrow -\pi < \beta-\alpha < -\frac{\pi}{2}$ または $\frac{\pi}{2} < \beta-\alpha \leq \pi$.

問 2-1. $\|\,|\psi_1\rangle+|\psi_2\rangle\,\|^2 = ((\langle\psi_1|+\langle\psi_2|)(|\psi_1\rangle+|\psi_2\rangle)) = \langle\psi_1|\psi_1\rangle+\langle\psi_1|\psi_2\rangle+\langle\psi_2|\psi_1\rangle+\langle\psi_2|\psi_2\rangle = \||\psi_1\rangle\|^2 + \||\psi_2\rangle\|^2 + \langle\psi_1|\psi_2\rangle + \langle\psi_1|\psi_2\rangle^* = \||\psi_1\rangle\|^2 + \||\psi_2\rangle\|^2 + 2\,\text{Re}\,\langle\psi_1|\psi_2\rangle$.

問 2-2. 2-1 から $\|\,|\psi_1\rangle - |\psi_2\rangle\,\|^2 = \||\psi_1\rangle\|^2 + \||\psi_2\rangle\|^2 - 2\,\text{Re}\,\langle\psi_1|\psi_2\rangle$ なので $\|\,|\psi_1\rangle + |\psi_2\rangle\,\|^2 + \|\,|\psi_1\rangle - |\psi_2\rangle\,\|^2 = 2\||\psi_1\rangle\|^2 + 2\||\psi_2\rangle\|^2$

問 2-3. $|\psi_1\rangle \perp |\psi_2\rangle \Leftrightarrow \langle\psi_1|\psi_2\rangle = 0$ なので, すでに証明した式から導ける.

問 2-4. コーシー・シュワルツの不等式 (2.21) $\||\psi_1\rangle\| \cdot \||\psi_2\rangle\| \geq |\langle\psi_1|\psi_2\rangle|$ と不等式 (B.21) の $|z| \geq \text{Re}\,z$ より,

$$\begin{aligned}
\{\||\psi_1\rangle\| + \||\psi_2\rangle\|\}^2 &= \||\psi_1\rangle\|^2 + \||\psi_2\rangle\|^2 + 2\||\psi_1\rangle\| \cdot \||\psi_2\rangle\| \\
&\geq \||\psi_1\rangle\|^2 + \||\psi_2\rangle\|^2 + 2\,|\langle\psi_1|\psi_2\rangle| \\
&\geq \||\psi_1\rangle\|^2 + \||\psi_2\rangle\|^2 + 2\,\text{Re}\langle\psi_1|\psi_2\rangle \\
&= \|\,|\psi_1\rangle + |\psi_2\rangle\,\|^2
\end{aligned}$$

となり, 両辺の平方根をとれば, $\||\psi_1\rangle\| + \||\psi_2\rangle\| \geq \||\psi_1\rangle + |\psi_2\rangle\|$.

問 3-1. $\hat{A}^\dagger = \hat{A}$ ならば, エルミート共役の定義式 (3.32) と内積の性質 (2.9) に注意して $\langle\psi|\hat{A}\psi\rangle = \langle\psi|\hat{A}\psi\rangle = \langle\hat{A}^\dagger\psi|\psi\rangle = \langle\hat{A}\psi|\psi\rangle = \langle\psi|\hat{A}\psi\rangle^* = \langle\psi|\hat{A}|\psi\rangle^*$ なのでこれは実数.

問 3-2. $\hat{A}^\dagger = -\hat{A}$ ならば $\langle\psi|\hat{A}|\psi\rangle = \langle\psi|\hat{A}\psi\rangle = \langle\hat{A}^\dagger\psi|\psi\rangle = -\langle\hat{A}\psi|\psi\rangle = -\langle\psi|\hat{A}\psi\rangle^* = -\langle\psi|\hat{A}|\psi\rangle^*$ なのでこれは純虚数.

問 3-3. エネルギーの単位は $\text{J} = \text{N·m} = \text{kg·m}^2\text{·s}^{-2}$ なので, $\text{J·s} = \text{kg·m}^2\text{·s}^{-1} = (\text{kg·m}^2\text{·s}^{-1})\text{·m}$ であり, これは（運動量×長さ）の次元でもある.

問 3-4. 物理量の単位のルールについては佐藤文隆, 北野正雄『新 SI 単位と電磁気学』[21] で詳

しく論じられている.

問 3-5. ヒルベルト空間 $\mathbb{C}^2$ 上の演算子として

$$\hat{B} = \begin{pmatrix} 3 & 1 \\ 0 & 3 \end{pmatrix}, \qquad \hat{B}^\dagger = \begin{pmatrix} 3 & 0 \\ 1 & 3 \end{pmatrix}$$

であり，$\hat{B} \neq \hat{B}^\dagger$ なので，$\hat{B}$ は自己共役でない．$\hat{B}$ の固有値は特性多項式

$$\det(\lambda\hat{I} - \hat{B}) = \det\begin{pmatrix} \lambda - 3 & -1 \\ 0 & \lambda - 3 \end{pmatrix} = (\lambda - 3)^2$$

の根であり，重根 $\lambda = 3$ が固有値のすべてである．固有ベクトルは

$$(\lambda\hat{I} - \hat{B})|v\rangle = \begin{pmatrix} 0 & -1 \\ 0 & 0 \end{pmatrix}\begin{pmatrix} x \\ y \end{pmatrix} = \begin{pmatrix} -y \\ 0 \end{pmatrix} = \begin{pmatrix} 0 \\ 0 \end{pmatrix}$$

の解であり，$y = 0$ だけが定まる．従って任意の複素数 x について

$$|v\rangle = \begin{pmatrix} x \\ 0 \end{pmatrix}$$

が固有ベクトルである．この固有ベクトルは，1 次元部分空間しか張らず，$\mathbb{C}^2$ 全体を張らないので，CONS ではない．(3.127) のような形の行列はジョルダン標準形と呼ばれる．固有ベクトルの集合が CONS にならないと以下のような不都合が生じる．いまの場合，すべての固有ベクトルと直交するヌルでないベクトル

$$|\psi\rangle = \begin{pmatrix} 0 \\ 1 \end{pmatrix}$$

が存在する．この状態ベクトル $|\psi\rangle$ に対して物理量 $\hat{B}$ を測ると，どの測定値（固有値）も出現確率がゼロになってしまう．測定しても測定値が出て来ないという状況は物理的に意味不明である．

問 5-1. (i) デルタ関数の定義式 (5.44)，$\delta(x) = \frac{1}{2\pi}\int_{-\infty}^{\infty} e^{ikx}\,dk$ から $\delta(-x) = \frac{1}{2\pi}\int_{-\infty}^{\infty} e^{-ikx}\,dk$ であり，積分変数を $k = -q$ で置き換えると $\delta(-x) = -\frac{1}{2\pi}\int_{\infty}^{-\infty} e^{iqx}\,dq = \frac{1}{2\pi}\int_{-\infty}^{\infty} e^{iqx}\,dq = \delta(x)$ が従う．$\delta(sx) = \frac{1}{2\pi}\int_{-\infty}^{\infty} e^{iksx}\,dk$ については積分変数を $sk = q$ に置き換えると $\delta(sx) = \frac{1}{2\pi s}\int_{-\infty}^{\infty} e^{iqx}\,dq = \frac{1}{s}\delta(x)$.

(ii) (5.45) より $\psi(0) = \int_{-\infty}^{\infty} \delta(-y)\,\psi(y)dy = \int_{-\infty}^{\infty} \delta(y)\,\psi(y)dy$.

(iii) 実数値連続関数 $T_\varepsilon(x)$ を，つねに $T_\varepsilon(x) \geq 0$ で，ある実数 $\varepsilon > 0$ があって $|x| > \varepsilon$ のとき $T_\varepsilon(x) = 0$ であり，$\int_{-\varepsilon}^{\varepsilon} T_\varepsilon(x)dx = 1$ を満たすものとする．さらに任意の実数 a に対して $\psi_a(x) = T_\varepsilon(x-a)$ とおくと，$|x-a| > \varepsilon$ のとき $\psi_a(x) = 0$ であり，とくに $x = 0$ とおけば $|a| > \varepsilon$ ならば $\psi_a(0) = 0$ である．$|a| > \varepsilon$ のとき (5.54) より $0 = \psi_a(0) = \int_{-\infty}^{\infty} \delta(x)\,\psi_a(x)dx = \int_{a-\varepsilon}^{a+\varepsilon} \delta(x)\,\psi_a(x)dx = \int_{a-\varepsilon}^{a+\varepsilon} \delta(x)\,T_\varepsilon(x-a)dx$. これが任意の $\varepsilon > 0$ と $|a| > \varepsilon$ を満たす任意の a に対して成り立つので，$x \neq 0$ のところでは $\delta(x) = 0$ であることが結論される．これとは別に，関数 ψ として恒等的に $\psi(x) \equiv 1$ であるものを選ぶと，(5.54) は $1 = \psi(0) = \int_{-\infty}^{\infty} \delta(x)\,\psi(x)dx =$

174

$\int_{-\infty}^{\infty} \delta(x)dx$ を与える.

問 5-2. フーリエ変換の結果のみを示す:

$$\widetilde{\psi}_1(k) = \sqrt{2L} \cdot \frac{2}{1 + 4L^2k^2}, \qquad \widetilde{\psi}_2(x) = \sqrt{2L} \cdot \frac{\sin Lk}{Lk}.$$

問 6-1. (i) 演算子の積 $\hat{S}\hat{T}$ と $\hat{T}\hat{S}$ を計算するとどちらも次のようになり, 結果は等しいので, $\hat{S}$ と $\hat{T}$ は可換.

$$\hat{S}\hat{T} = \hat{T}\hat{S} = \begin{pmatrix} 2 & 4 & 0 \\ 4 & 2 & 0 \\ 0 & 0 & 20 \end{pmatrix}$$

(ii) $\hat{S}$ の固有値は $s_1 = 3$, $s_2 = 1$, $s_3 = 4$ であり (並べる順番はどうでもよい), 各固有値に属する規格化された固有ベクトルは,

$$|\hat{S} = 3\rangle = \frac{1}{\sqrt{2}} \begin{pmatrix} 1 \\ 1 \\ 0 \end{pmatrix}, \qquad |\hat{S} = 1\rangle = \frac{1}{\sqrt{2}} \begin{pmatrix} 1 \\ -1 \\ 0 \end{pmatrix}, \qquad |\hat{S} = 4\rangle = \begin{pmatrix} 0 \\ 0 \\ 1 \end{pmatrix}.$$

$\hat{T}$ の固有値は $t_1 = 2$, $t_2 = -2$, $t_3 = 5$ であり, 各固有値に属する規格化された固有ベクトルは,

$$|\hat{T} = 2\rangle = \frac{1}{\sqrt{2}} \begin{pmatrix} 1 \\ 1 \\ 0 \end{pmatrix}, \qquad |\hat{T} = -2\rangle = \frac{1}{\sqrt{2}} \begin{pmatrix} 1 \\ -1 \\ 0 \end{pmatrix}, \qquad |\hat{T} = 5\rangle = \begin{pmatrix} 0 \\ 0 \\ 1 \end{pmatrix}.$$

なので, 同時固有ベクトルを

$$|v(3,2)\rangle = \frac{1}{\sqrt{2}} \begin{pmatrix} 1 \\ 1 \\ 0 \end{pmatrix}, \qquad |v(1,-2)\rangle = \frac{1}{\sqrt{2}} \begin{pmatrix} 1 \\ -1 \\ 0 \end{pmatrix}, \qquad |v(4,5)\rangle = \begin{pmatrix} 0 \\ 0 \\ 1 \end{pmatrix}$$

と選ぶことができて, これらは $\mathbb{C}^3$ の CONS をなす.

(iii) $\mathbb{P}(\hat{S} = 3|\psi) =$

$$\left| \langle \hat{S} = 3|\psi \rangle \right|^2 = \left| \frac{1}{\sqrt{2}}(1,1,0) \frac{1}{\sqrt{3}} \begin{pmatrix} 1 \\ 1 \\ 1 \end{pmatrix} \right|^2 = \left| \frac{1}{\sqrt{6}}(1 + 1 + 0) \right|^2 = \frac{4}{6} = \frac{2}{3}.$$

(iv) 6 は $\hat{S}$ の固有値ではないので, $\mathbb{P}(\hat{S} = 6|\psi) = 0$.

(v) $\hat{T}$ の固有値 2 の固有ベクトルは, $\hat{S}$ の固有値 3 の固有ベクトルにもなっているので

$$\mathbb{P}(\hat{T} = 2|\psi) = \left| \langle \hat{T} = 2|\psi \rangle \right|^2 = \left| \langle \hat{S} = 3|\psi \rangle \right|^2 = \frac{2}{3}.$$

(vi)

$$\mathbb{P}(\hat{T}=5|\psi)=\left|\langle\hat{T}=5|\psi\rangle\right|^2=\left|(0,0,1)\frac{1}{\sqrt{3}}\begin{pmatrix}1\\1\\1\end{pmatrix}\right|^2=\left|\frac{1}{\sqrt{3}}(0+0+1)\right|^2=\frac{1}{3}.$$

(vii)

$$\mathbb{P}(\hat{S}=3,\hat{T}=2|\psi)=\left|v(3,2)|\psi\rangle\right|^2=\left|\langle\hat{S}=3|\psi\rangle\right|^2=\frac{2}{3}.$$

(viii) $\hat{S}$ の固有値 3 と $\hat{T}$ の固有値 5 の同時固有ベクトルはないので，$\mathbb{P}(\hat{S}=3,\hat{T}=5|\psi)=0$.

(ix) $\mathbb{P}(\hat{S}=3,\hat{T}=2|\psi)=\frac{2}{3}$ であるのに対し，$\mathbb{P}(\hat{S}=3|\psi)\cdot\mathbb{P}(\hat{T}=2|\psi)=\frac{2}{3}\cdot\frac{2}{3}=\frac{4}{9}$ なので，$\mathbb{P}(\hat{S}=3,\hat{T}=2|\psi)\neq\mathbb{P}(\hat{S}=3|\psi)\cdot\mathbb{P}(\hat{T}=2|\psi)$ であり，$\hat{S}$ の測定値と $\hat{T}$ の測定値の確率分布は独立ではない（相関がある）．あるいは，$\mathbb{P}(\hat{S}=3,\hat{T}=5|\psi)=0$ であるのに対し，$\mathbb{P}(\hat{S}=3|\psi)\cdot\mathbb{P}(\hat{T}=5|\psi)=\frac{2}{3}\cdot\frac{1}{3}=\frac{2}{9}$ なので，$\mathbb{P}(\hat{S}=3,\hat{T}=5|\psi)\neq\mathbb{P}(\hat{S}=3|\psi)\cdot\mathbb{P}(\hat{T}=5|\psi)$ であることも指摘できる．

問 7-1. 式を書き下して展開・式変形すればよい．例えばライプニッツ則 (7.86) は

$$\begin{aligned}[\hat{A},\hat{B}\hat{C}]&=\hat{A}\hat{B}\hat{C}-\hat{B}\hat{C}\hat{A}\\&=\hat{A}\hat{B}\hat{C}-\hat{B}\hat{A}\hat{C}+\hat{B}\hat{A}\hat{C}-\hat{B}\hat{C}\hat{A}\\&=(\hat{A}\hat{B}-\hat{B}\hat{A})\hat{C}+\hat{B}(\hat{A}\hat{C}-\hat{C}\hat{A})\\&=[\hat{A},\hat{B}]\hat{C}+\hat{B}[\hat{A},\hat{C}].\end{aligned}$$

他は各自確認してほしい．

問 7-2. (i)

$$\begin{aligned}\hat{S}\hat{T}&=\begin{pmatrix}2&1&0\\1&2&0\\0&0&4\end{pmatrix}\begin{pmatrix}6&-i&0\\i&6&0\\0&0&8\end{pmatrix}=\begin{pmatrix}12+i&-2i+6&0\\6+2i&-i+12&0\\0&0&32\end{pmatrix}\\\hat{T}\hat{S}&=\begin{pmatrix}6&-i&0\\i&6&0\\0&0&8\end{pmatrix}\begin{pmatrix}2&1&0\\1&2&0\\0&0&4\end{pmatrix}=\begin{pmatrix}12-i&6-2i&0\\2i+6&i+12&0\\0&0&32\end{pmatrix}\\[\hat{S},\hat{T}]&=\hat{S}\hat{T}-\hat{T}\hat{S}=\begin{pmatrix}2i&0&0\\0&-2i&0\\0&0&0\end{pmatrix}\end{aligned}$$

(ii)

$$|\hat{S}=3\rangle = \frac{1}{\sqrt{2}}\begin{pmatrix}1\\1\\0\end{pmatrix}, \qquad |\hat{S}=1\rangle = \frac{1}{\sqrt{2}}\begin{pmatrix}1\\-1\\0\end{pmatrix}, \qquad |\hat{S}=4\rangle = \begin{pmatrix}0\\0\\1\end{pmatrix}$$

$$|\hat{T}=7\rangle = \frac{1}{\sqrt{2}}\begin{pmatrix}1\\i\\0\end{pmatrix}, \qquad |\hat{T}=5\rangle = \frac{1}{\sqrt{2}}\begin{pmatrix}i\\1\\0\end{pmatrix}, \qquad |\hat{T}=8\rangle = \begin{pmatrix}0\\0\\1\end{pmatrix}$$

(iii)

$$|\hat{S}=4,\hat{T}=8\rangle = \begin{pmatrix}0\\0\\1\end{pmatrix}$$

問 7-3. 計算すればそうなる.

問 7-4. (7.56) の行列

$$\hat{M} = x\hat{X} + y\hat{Y} + z\hat{Z} = \begin{pmatrix} z & x-iy \\ x+iy & -z \end{pmatrix}$$

の特性多項式は

$$\det(\lambda\hat{I} - \hat{M}) = \det\begin{pmatrix} \lambda - z & -(x-iy) \\ -(x+iy) & \lambda + z \end{pmatrix}$$
$$= \lambda^2 - z^2 - (x+iy)(x-iy) = \lambda^2 - (x^2 + y^2 + z^2)$$

なので, その根は $\lambda = \pm\sqrt{x^2+y^2+z^2}$.

問 7-5.

$$\mathbb{V}[\hat{A}] = \left\langle (\hat{A}-\langle\hat{A}\rangle)^2 \right\rangle = \left\langle \hat{A}^2 - 2\langle\hat{A}\rangle\hat{A} + \langle\hat{A}\rangle^2 \right\rangle$$
$$= \langle\hat{A}^2\rangle - 2\langle\hat{A}\rangle\langle\hat{A}\rangle + \langle\hat{A}\rangle^2 = \langle\hat{A}^2\rangle - \langle\hat{A}\rangle^2$$

問 7-6. (i) 問 3-1 で済んでいる.

(ii) $\{\hat{A},\hat{B}\}^\dagger = (\hat{A}\hat{B}+\hat{B}\hat{A})^\dagger = (\hat{A}\hat{B})^\dagger + (\hat{B}\hat{A})^\dagger = \hat{B}^\dagger\hat{A}^\dagger + \hat{A}^\dagger\hat{B}^\dagger = \hat{B}\hat{A}+\hat{A}\hat{B} = \hat{A}\hat{B}+\hat{B}\hat{A} = \{\hat{A},\hat{B}\}$

(iii) $[\hat{A},\hat{B}]^\dagger = (\hat{A}\hat{B}-\hat{B}\hat{A})^\dagger = (\hat{A}\hat{B})^\dagger - (\hat{B}\hat{A})^\dagger = \hat{B}^\dagger\hat{A}^\dagger - \hat{A}^\dagger\hat{B}^\dagger = \hat{B}\hat{A}-\hat{A}\hat{B} = -(\hat{A}\hat{B}-\hat{B}\hat{A}) = -[\hat{A},\hat{B}]$

(iv) 問 3-2 で済んでいる.

問 7-7. $J(\lambda)$ を 2 乗して積分変数 x,y を導入し, $x = r\cos\theta$, $y = r\sin\theta$ で極座標 r,θ に変換する:

$$J(\lambda)^2 = \int_{-\infty}^{\infty} e^{-\lambda x^2}\,dx \cdot \int_{-\infty}^{\infty} e^{-\lambda y^2}\,dy = \int_{-\infty}^{\infty}\int_{-\infty}^{\infty} e^{-\lambda(x^2+y^2)}\,dx\,dy$$

$$= \int_{0}^{\infty}\int_{0}^{2\pi} e^{-\lambda r^2}\,r\,dr\,d\theta = 2\pi\left[\frac{1}{2\lambda}e^{-\lambda r^2}\right]_{0}^{\infty} = \frac{\pi}{\lambda}$$

となるので，この平方根により (7.92) を得る：

$$J(\lambda) = \int_{-\infty}^{\infty} e^{-\lambda x^2}\,dx = \sqrt{\frac{\pi}{\lambda}}.$$

これを λ について微分して (7.93) を得る：

$$-\frac{\partial}{\partial \lambda}\,J(\lambda) = \int_{-\infty}^{\infty} x^2\,e^{-\lambda x^2}\,dx = -\frac{\partial}{\partial \lambda}\sqrt{\frac{\pi}{\lambda}} = \frac{1}{2\lambda}\sqrt{\frac{\pi}{\lambda}}.$$

(7.94) の被積分関数は奇関数なので，0 を挟んで対称な区間上で積分すると 0 になる：

$$\int_{-\infty}^{\infty} x\,e^{-\lambda x^2}\,dx = 0.$$

(7.95) の被積分関数に対しては原始関数が見つかる：

$$\int_{0}^{\infty} x\,e^{-\lambda x^2}\,dx = \left[-\frac{1}{2\lambda}\,e^{-\lambda x^2}\right]_{0}^{\infty} = \frac{1}{2\lambda}.$$

(7.96) には変数変換 $x - a = y$ を施す：

$$\int_{-\infty}^{\infty} x\,e^{-\lambda(x-a)^2}\,dx = \int_{-\infty}^{\infty} (a+y)\,e^{-\lambda y^2}\,dy$$

$$= \int_{-\infty}^{\infty} a\,e^{-\lambda y^2}\,dy + \int_{-\infty}^{\infty} y\,e^{-\lambda y^2}\,dy = a\sqrt{\frac{\pi}{\lambda}} + 0.$$

問 7-8. (i) $\rho(x) = |\psi(x)|^2 = (2\pi b^2)^{-\frac{1}{2}} \cdot e^{-\frac{1}{2b^2}(x-a)^2}$ のグラフの概形を図 S.1 に示す．
(ii) $f(x) = \mathrm{Re}\,\psi(x) = (2\pi b^2)^{-\frac{1}{4}} \cdot e^{-\frac{1}{4b^2}(x-a)^2}\cos kx$ のグラフの概形を図 S.1 に示す．
(iii)

$$\langle \psi | \psi \rangle = \int_{-\infty}^{\infty} |\psi(x)|^2\,dx = (2\pi b^2)^{-\frac{1}{2}} \cdot (2\pi b^2)^{\frac{1}{2}} = 1,$$

(i)　　　　　　　　　　　　　　(ii)

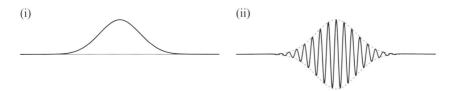

図 **S.1**　問 7-8 の解答例．

$$\langle\psi|\hat{X}|\psi\rangle = \int_{-\infty}^{\infty} \psi(x)^* \, x \, \psi(x) \, dx$$

$$= (2\pi b^2)^{-\frac{1}{2}} \int_{-\infty}^{\infty} x \, e^{-\frac{1}{2b^2}(x-a)^2} \, dx$$

$$= (2\pi b^2)^{-\frac{1}{2}} \int_{-\infty}^{\infty} \{a + (x-a)\} e^{-\frac{1}{2b^2}(x-a)^2} \, dx = a + 0 = a,$$

$$\langle\psi|(\hat{X}-a)^2|\psi\rangle = \int_{-\infty}^{\infty} \psi(x)^*(x-a)^2 \psi(x) \, dx$$

$$= (2\pi b^2)^{-\frac{1}{2}} \int_{-\infty}^{\infty} (x-a)^2 \, e^{-\frac{1}{2b^2}(x-a)^2} \, dx$$

$$= (2\pi b^2)^{-\frac{1}{2}} \cdot (2\pi b^2)^{\frac{1}{2}} \cdot \frac{2b^2}{2} = b^2,$$

$$\langle\psi|\hat{P}|\psi\rangle = \int_{-\infty}^{\infty} \psi(x)^* \Big(-i\hbar\frac{\partial}{\partial x}\Big)\psi(x) \, dx$$

$$= (2\pi b^2)^{-\frac{1}{2}} \int_{-\infty}^{\infty} e^{-\frac{1}{4b^2}(x-a)^2 - ikx}$$

$$\Big(+i\hbar\frac{1}{2b^2}(x-a) + \hbar k\Big)e^{-\frac{1}{4b^2}(x-a)^2 + ikx} \, dx$$

$$= (2\pi b^2)^{-\frac{1}{2}} \int_{-\infty}^{\infty} \Big(i\hbar\frac{1}{2b^2}(x-a) + \hbar k\Big)e^{-\frac{1}{2b^2}(x-a)^2} \, dx$$

$$= 0 + \hbar k = \hbar k,$$

$$\langle\psi|(\hat{P}-\hbar k)^2|\psi\rangle = \int_{-\infty}^{\infty} \psi(x)^* \Big(-i\hbar\frac{\partial}{\partial x} - \hbar k\Big)^2 \psi(x) \, dx$$

$$= (2\pi b^2)^{-\frac{1}{2}} \int_{-\infty}^{\infty} e^{-\frac{1}{4b^2}(x-a)^2 - ikx}$$

$$\Big(-i\hbar\frac{\partial}{\partial x} - \hbar k\Big)\Big(+i\hbar\frac{1}{2b^2}(x-a) + \hbar k - \hbar k\Big)e^{-\frac{1}{4b^2}(x-a)^2 + ikx} \, dx$$

$$= (2\pi b^2)^{-\frac{1}{2}} \int_{-\infty}^{\infty} e^{-\frac{1}{4b^2}(x-a)^2 - ikx} \cdot e^{-\frac{1}{4b^2}(x-a)^2 + ikx}$$

$$\Big(\hbar^2\frac{1}{2b^2} - \hbar^2\frac{1}{4b^4}(x-a)^2 + i\hbar\frac{1}{2b^2}(x-a)\hbar k - \hbar k i\hbar\frac{1}{2b^2}(x-a)\Big) dx$$

$$= (2\pi b^2)^{-\frac{1}{2}} \int_{-\infty}^{\infty} e^{-\frac{1}{2b^2}(x-a)^2} \Big(\hbar^2\frac{1}{2b^2} - \hbar^2\frac{1}{4b^4}(x-a)^2 + 0\Big) dx$$

$$= \hbar^2\frac{1}{2b^2} - \hbar^2\frac{1}{4b^4}b^2 = \frac{\hbar^2}{4b^2}.$$

問 7-9.

$$[\hat{A}, \hat{A}^\dagger] = [\hat{P} + i\hat{Q}, \hat{P} - i\hat{Q}]$$

$$= [\hat{P}, \hat{P}] - i[\hat{P}, \hat{Q}] + i[\hat{Q}, \hat{P}] + [\hat{Q}, \hat{Q}]$$

$$= -i[\hat{P}, \hat{Q}] - i[\hat{P}, \hat{Q}]$$

$$= -2i[\hat{P}, \hat{Q}]$$

なので，$[\hat{A}, \hat{A}^\dagger] = 0 \Leftrightarrow [\hat{P}, \hat{Q}] = 0$. **補足コメント**：$[\hat{A}, \hat{A}^\dagger] = 0$ が成立しているとき $\hat{A}$ を**正規演算子**（ヒルベルト空間が有限次元なら**正規行列**）(normal operator, normal matrix) と呼ぶ．$\hat{A}$ が正規演算子ならば，その固有値は一般には複素数だが，異なる固有値に属する固有ベクトルは直交し，$\hat{U}^\dagger \hat{A} \hat{U}$ が複素数の対角行列になるようなユニタリ行列 $\hat{U}$ が存在する．運動量 $\hat{P}$ と位置 $\hat{X}$ の演算子で定められる $\hat{A} = \hat{P} - iZ\hat{X}$ は正規演算子ではなく，(7.78), (7.80) で示されたように，$Z > 0$ であれば任意の複素数が $\hat{A} = \hat{P} - iZ\hat{X}$ の固有値になるし，異なる固有値に属する固有ベクトル同士は直交しない．また，スピン演算子 $\hat{X}$ と $\hat{Y}$ で定められる $\hat{A} = \hat{X} + i\hat{Y}$ も正規ではない．これの固有値・固有ベクトルを求めてみるとよい．

問 8-1. (i) 問 7-4 と同じ.

(ii) 演算子

$$\hat{A}^{(1)} = \begin{pmatrix} a_z & a_x - ia_y \\ a_x + ia_y & -a_z \end{pmatrix}$$

が状態ベクトル $|\Psi\rangle$ に作用すると

$$\hat{A}^{(1)}|\Psi\rangle = \frac{1}{\sqrt{2}} \hat{A}^{(1)} \begin{pmatrix} 1 \\ 0 \end{pmatrix} \otimes \begin{pmatrix} 0 \\ 1 \end{pmatrix} - \frac{1}{\sqrt{2}} \hat{A}^{(1)} \begin{pmatrix} 0 \\ 1 \end{pmatrix} \otimes \begin{pmatrix} 1 \\ 0 \end{pmatrix}$$

$$= \frac{1}{\sqrt{2}} \begin{pmatrix} a_z \\ a_x + ia_y \end{pmatrix} \otimes \begin{pmatrix} 0 \\ 1 \end{pmatrix} - \frac{1}{\sqrt{2}} \begin{pmatrix} a_x - ia_y \\ -a_z \end{pmatrix} \otimes \begin{pmatrix} 1 \\ 0 \end{pmatrix}$$

となり，これと

$$\langle\Psi| = \frac{1}{\sqrt{2}} (1, 0) \otimes (0, 1) - \frac{1}{\sqrt{2}} (0, 1) \otimes (1, 0)$$

との内積は，(8.12) どおりに計算すると

$$\langle\Psi|\hat{A}^{(1)}|\Psi\rangle = \frac{1}{2} a_z + \frac{1}{2} (-a_z) = 0$$

となる．ほぼ同様に，演算子

$$\hat{U}^{(2)} = \begin{pmatrix} u_z & u_x - iu_y \\ u_x + iu_y & -u_z \end{pmatrix}$$

が状態ベクトル $|\Psi\rangle$ に作用すると

$$\hat{U}^{(2)}|\Psi\rangle = \frac{1}{\sqrt{2}} \begin{pmatrix} 1 \\ 0 \end{pmatrix} \otimes \hat{U}^{(2)} \begin{pmatrix} 0 \\ 1 \end{pmatrix} - \frac{1}{\sqrt{2}} \begin{pmatrix} 0 \\ 1 \end{pmatrix} \otimes \hat{U}^{(2)} \begin{pmatrix} 1 \\ 0 \end{pmatrix}$$

$$= \frac{1}{\sqrt{2}} \begin{pmatrix} 1 \\ 0 \end{pmatrix} \otimes \begin{pmatrix} u_x - iu_y \\ -u_z \end{pmatrix} - \frac{1}{\sqrt{2}} \begin{pmatrix} 0 \\ 1 \end{pmatrix} \otimes \begin{pmatrix} u_z \\ u_x + iu_y \end{pmatrix}$$

となり，これと

$$\langle \Psi| = \frac{1}{\sqrt{2}}(1,0)\otimes(0,1) - \frac{1}{\sqrt{2}}(0,1)\otimes(1,0)$$

との内積は

$$\langle \Psi|\hat{U}^{(2)}|\Psi\rangle = \frac{1}{2}(-u_z) + \frac{1}{2}u_z = 0$$

となる.

(iii) 演算子 $\hat{A}^{(1)}\otimes\hat{U}^{(2)}$ の $|\Psi\rangle$ への作用は (8.19) どおりに計算すると

$$\hat{A}^{(1)}\otimes\hat{U}^{(2)}|\Psi\rangle = \frac{1}{\sqrt{2}}\begin{pmatrix} a_z \\ a_x + ia_y \end{pmatrix}\otimes\begin{pmatrix} u_x - iu_y \\ -u_z \end{pmatrix} - \frac{1}{\sqrt{2}}\begin{pmatrix} a_x - ia_y \\ -a_z \end{pmatrix}\otimes\begin{pmatrix} u_z \\ u_x + iu_y \end{pmatrix}$$

となり,これと

$$\langle \Psi| = \frac{1}{\sqrt{2}}(1,0)\otimes(0,1) - \frac{1}{\sqrt{2}}(0,1)\otimes(1,0)$$

との内積は,(8.12) どおりに計算すれば

$$\begin{aligned}
\langle \Psi|\hat{A}^{(1)}\otimes\hat{U}^{(2)}|\Psi\rangle &= \frac{1}{2}\Big\{ a_z(-u_z) - (a_x - ia_y)(u_x + iu_y) \\
&\qquad - (a_x + ia_y)(u_x - iu_y) + (-a_z)u_z \Big\} \\
&= -(a_x u_x + a_y u_y + a_z u_z) = -\boldsymbol{a}\cdot\boldsymbol{u} = -\|\boldsymbol{a}\|\cdot\|\boldsymbol{u}\|\cos\alpha
\end{aligned}$$

となる.

(iv) $\hat{A}^{(1)}$ の測定値は $\pm\|\boldsymbol{a}\|$ であり,$\hat{U}^{(2)}$ の測定値は $\pm\|\boldsymbol{u}\|$ であることから,$\hat{A}^{(1)}, \hat{U}^{(2)}$ の測定値の正負の符号の出現確率をそれぞれ $\mathbb{P}_{(++)}, \mathbb{P}_{(+-)}, \mathbb{P}_{(-+)}, \mathbb{P}_{(--)}$ とすると,確率の規格化条件より

$$\mathbb{P}_{(++)} + \mathbb{P}_{(+-)} + \mathbb{P}_{(-+)} + \mathbb{P}_{(--)} = 1$$

であり,期待値の定義式と計算結果

$$\langle \Psi|\hat{A}^{(1)}\otimes\hat{U}^{(2)}|\Psi\rangle = \|\boldsymbol{a}\|\cdot\|\boldsymbol{u}\|\Big\{ \mathbb{P}_{(++)} - \mathbb{P}_{(+-)} - \mathbb{P}_{(-+)} + \mathbb{P}_{(--)} \Big\} = -\|\boldsymbol{a}\|\cdot\|\boldsymbol{u}\|\cos\alpha$$

より

$$\big(\mathbb{P}_{(++)} + \mathbb{P}_{(--)}\big) - \big(\mathbb{P}_{(+-)} + \mathbb{P}_{(-+)}\big) = -\cos\alpha$$

なので,これらから

$$\mathbb{P}_{(++)} + \mathbb{P}_{(--)} = \frac{1}{2}(1 - \cos\alpha), \qquad \mathbb{P}_{(+-)} + \mathbb{P}_{(-+)} = \frac{1}{2}(1 + \cos\alpha)$$

が従う.

(v) $S = AU + AV + BU - BV = A(U+V) + B(U-V)$ であり,U,V が ± 1 の値をとるとき,$(U+V)$ と $(U-V)$ は ± 2 または 0 になり,しかも $(U+V)$ と $(U-V)$ のどちらか一方は必ず 0 であり他方は ± 2 である.A,B の値も ± 1 なので S は ± 2 になる.確率の非負性と規

格化条件から，どのような関数の期待値も，その関数の最大値と最小値の間にあることが簡単に示せる．よって，$-2 \leq \langle S \rangle \leq 2$.

(vi) $\boldsymbol{a} = (1, 0, 0)$, $\boldsymbol{b} = (0, 1, 0)$, $\boldsymbol{u} = \frac{1}{\sqrt{2}}(-1, -1, 0)$, $\boldsymbol{v} = \frac{1}{\sqrt{2}}(-1, 1, 0)$ に相当するので，(8.50) を使えば

$$\langle \Psi | \hat{A} \otimes \hat{U} | \Psi \rangle = \langle \Psi | \hat{A} \otimes \hat{V} | \Psi \rangle = \langle \Psi | \hat{B} \otimes \hat{U} | \Psi \rangle = \frac{1}{\sqrt{2}},$$

$$\langle \Psi | \hat{B} \otimes \hat{V} | \Psi \rangle = -\frac{1}{\sqrt{2}}$$

となり，$\langle \hat{S} \rangle = 2\sqrt{2} = 2.8284 \cdots$ となる．これは CHSH の不等式 $-2 \leq \langle S \rangle \leq 2$ を破っている．

どうしてこのようなことが起こるのかという説明を一つ示そう．テンソル積状態

$$|\Phi_{\uparrow\downarrow}\rangle := \begin{pmatrix} 1 \\ 0 \end{pmatrix} \otimes \begin{pmatrix} 0 \\ 1 \end{pmatrix}, \qquad |\Phi_{\downarrow\uparrow}\rangle := \begin{pmatrix} 0 \\ 1 \end{pmatrix} \otimes \begin{pmatrix} 1 \\ 0 \end{pmatrix}$$

を導入すると $|\Psi\rangle$ 状態は

$$|\Psi\rangle = \frac{1}{\sqrt{2}} |\Phi_{\uparrow\downarrow}\rangle - \frac{1}{\sqrt{2}} |\Phi_{\downarrow\uparrow}\rangle$$

と書けて，$|\Psi\rangle$ 状態から $|\Phi_{\uparrow\downarrow}\rangle$ 状態と $|\Phi_{\downarrow\uparrow}\rangle$ 状態はともに $\frac{1}{2}$ の確率で見出される．また，$|\Phi_{\uparrow\downarrow}\rangle$ 状態と $|\Phi_{\downarrow\uparrow}\rangle$ 状態においては，(8.55) の物理量 $\hat{A}, \hat{B}, \hat{U}, \hat{V}$ の期待値はすべて 0 であることが確認できるし，演算子の積 $\hat{A}\hat{U}, \hat{A}\hat{V}, \hat{B}\hat{U}, \hat{B}\hat{V}$ の期待値もすべて 0 であることが確認できる．つまり，$|\Phi_{\uparrow\downarrow}\rangle$ 状態と $|\Phi_{\downarrow\uparrow}\rangle$ 状態においては，(8.55) のどの物理量についても $\frac{1}{2}$ の確率で ± 1 の値が無相関に出現する．ということは，「$|\Psi\rangle$ 状態が $|\Phi_{\uparrow\downarrow}\rangle$ と $|\Phi_{\downarrow\uparrow}\rangle$ の確率 $\frac{1}{2}$ の混合状態である」としたら，(8.56) の各項は全部 0 になるはずであり，$\langle \hat{S} \rangle$ も 0 になるはずである．これらが 0 にならないのは，$|\Psi\rangle$ 状態がたんなる混合状態ではなく重ね合わせ状態であり，$\hat{A}\hat{U}$ などが (7.54) のような干渉項（非対角項）$\langle \Phi_{\uparrow\downarrow} | \hat{A}\hat{U} | \Phi_{\downarrow\uparrow} \rangle$ を持つおかげである．

もう一つ別の説明として，$\hat{A}$ と $\hat{B}$，$\hat{U}$ と $\hat{V}$ は非可換であり同時対角化できないので，これらに一斉に $+1$ または -1 という値を割りあてること自体がやってはいけないことであり，ゆえに $S = \pm 2$ とする推論が成立しない．だから CHSH の不等式の導出自体が量子力学の枠組みの中では許されないことだった，という説明もある．CHSH の不等式の破れを検証する実験や物理的意味についての詳しい議論は文献 [7, 10, 14, 22, 24, 29, 30, 31, 32, 33] を参照してほしい．

問 9-1. シュレーディンガー方程式 (9.32) の一般的な初期値に対する解 (9.41)

$$\begin{pmatrix} c_1(t) \\ c_2(t) \end{pmatrix} = e^{-i\varepsilon t/\hbar} \begin{pmatrix} \cos(\frac{\alpha t}{\hbar}) & -i\sin(\frac{\alpha t}{\hbar}) \\ -i\sin(\frac{\alpha t}{\hbar}) & \cos(\frac{\alpha t}{\hbar}) \end{pmatrix} \begin{pmatrix} c_1(0) \\ c_2(0) \end{pmatrix}$$

に具体的な初期値を入れればよい．

(i)

$$\begin{pmatrix} c_1(t) \\ c_2(t) \end{pmatrix} = e^{-i\varepsilon t/\hbar} \begin{pmatrix} \cos(\frac{\alpha t}{\hbar}) & -i\sin(\frac{\alpha t}{\hbar}) \\ -i\sin(\frac{\alpha t}{\hbar}) & \cos(\frac{\alpha t}{\hbar}) \end{pmatrix} \begin{pmatrix} 1 \\ 0 \end{pmatrix} = e^{-i\varepsilon t/\hbar} \begin{pmatrix} \cos(\frac{\alpha t}{\hbar}) \\ -i\sin(\frac{\alpha t}{\hbar}) \end{pmatrix}$$

$$p_1(t) = |c_1(t)|^2 = \cos^2\left(\frac{\alpha t}{\hbar}\right) = \frac{1}{2}\left(1 + \cos\left(\frac{2\alpha t}{\hbar}\right)\right)$$

$$p_2(t) = |c_2(t)|^2 = \sin^2\left(\frac{\alpha t}{\hbar}\right) = \frac{1}{2}\left(1 - \cos\left(\frac{2\alpha t}{\hbar}\right)\right)$$

関数 $p_1(t), p_2(t)$ のグラフは各自描け. これらの関数の周期 T は

$$\frac{2\alpha T}{\hbar} = 2\pi, \qquad T = \frac{\pi\hbar}{\alpha}.$$

この解の物理的意味をアンモニア分子の文脈で言えば, アンモニア分子の中の原子配置は $|\chi_1\rangle$ と $|\chi_2\rangle$ という 2 通りの状態があり, どちらかの状態になっている確率がそれぞれ $p_1(t), p_2(t)$ である. この初期条件の場合, $t = 0$ での確率は $p_1(0) = 1, p_2(0) = 0$ であり, アンモニア分子は確実に $|\chi_1\rangle$ の状態からスタートして, 時間の経過とともに $|\chi_1\rangle$ 状態にいる確率が減少し, $|\chi_2\rangle$ 状態にいる確率が増加し, 時刻 $t = \frac{1}{2}T$ で確率 $p_1(\frac{1}{2}T) = 0, p_2(\frac{1}{2}T) = 1$ に達すると, 今度は $|\chi_1\rangle$ 状態にいる確率が増加し, $|\chi_2\rangle$ 状態にいる確率が減少して, 時刻 $t = T$ で $p_1(T) = 1, p_2(T) = 0$ に戻る. この後も周期時間 T で確率の振動が続く, という描像が成り立つ. 実際のアンモニア分子では, 窒素原子がややマイナスに, 水素原子がややプラスに帯電しており, ここで分析したような量子力学的確率の振動は, 実際の分子ではプラス・マイナスの極性の振動として観測される. このような分子の極性の振動を電磁波の発信アンテナとして利用したものがアンモニア・メーザーである.

(ii)

$$\begin{pmatrix} c_1(t) \\ c_2(t) \end{pmatrix} = e^{-i\varepsilon t/\hbar}\begin{pmatrix} \cos(\frac{\alpha t}{\hbar}) & -i\sin(\frac{\alpha t}{\hbar}) \\ -i\sin(\frac{\alpha t}{\hbar}) & \cos(\frac{\alpha t}{\hbar}) \end{pmatrix}\frac{1}{\sqrt{2}}\begin{pmatrix} 1 \\ 1 \end{pmatrix}$$

$$= \frac{1}{\sqrt{2}}e^{-i\varepsilon t/\hbar}\begin{pmatrix} \cos(\frac{\alpha t}{\hbar}) - i\sin(\frac{\alpha t}{\hbar}) \\ -i\sin(\frac{\alpha t}{\hbar}) + \cos(\frac{\alpha t}{\hbar}) \end{pmatrix} = \frac{1}{\sqrt{2}}e^{-i(\varepsilon+\alpha)t/\hbar}\begin{pmatrix} 1 \\ 1 \end{pmatrix}$$

$$p_1(t) = |c_1(t)|^2 = \left|\frac{1}{\sqrt{2}}e^{-i(\varepsilon+\alpha)t/\hbar}\right|^2 = \frac{1}{2}$$

$$p_2(t) = |c_2(t)|^2 = \left|\frac{1}{\sqrt{2}}e^{-i(\varepsilon+\alpha)t/\hbar}\right|^2 = \frac{1}{2}$$

関数 $p_1(t), p_2(t)$ のグラフは各自描け. これらの関数の値は一定である. アンモニア分子の文脈で言えば, この初期状態からスタートすると, アンモニア分子は $|\chi_1\rangle, |\chi_2\rangle$ の状態に確率 $\frac{1}{2}$ でとどまり続ける定常状態になる, というのがこの解の物理的意味である.

(iii)

$$\begin{pmatrix} c_1(t) \\ c_2(t) \end{pmatrix} = e^{-i\varepsilon t/\hbar}\begin{pmatrix} \cos(\frac{\alpha t}{\hbar}) & -i\sin(\frac{\alpha t}{\hbar}) \\ -i\sin(\frac{\alpha t}{\hbar}) & \cos(\frac{\alpha t}{\hbar}) \end{pmatrix}\frac{1}{\sqrt{2}}\begin{pmatrix} 1 \\ i \end{pmatrix}$$

$$= \frac{1}{\sqrt{2}}e^{-i\varepsilon t/\hbar}\begin{pmatrix} \cos(\frac{\alpha t}{\hbar}) + \sin(\frac{\alpha t}{\hbar}) \\ -i\sin(\frac{\alpha t}{\hbar}) + i\cos(\frac{\alpha t}{\hbar}) \end{pmatrix} = e^{-i\varepsilon t/\hbar}\begin{pmatrix} \sin(\frac{\alpha t}{\hbar} + \frac{\pi}{4}) \\ -i\cos(\frac{\alpha t}{\hbar} + \frac{\pi}{4}) \end{pmatrix}$$

$$p_1(t) = |c_1(t)|^2 = \sin^2\left(\frac{\alpha t}{\hbar} + \frac{\pi}{4}\right) = \frac{1}{2}\left(1 - \cos\left(\frac{2\alpha t}{\hbar} + \frac{\pi}{2}\right)\right)$$

$$p_2(t) = |c_2(t)|^2 = \cos^2\Big(\frac{\alpha t}{\hbar} + \frac{\pi}{4}\Big) = \frac{1}{2}\Big(1 + \cos\Big(\frac{2\alpha t}{\hbar} + \frac{\pi}{2}\Big)\Big)$$

$$\therefore p_1(t) = \frac{1}{2}\Big(1 + \sin\Big(\frac{2\alpha t}{\hbar}\Big)\Big), \quad p_2(t) = \frac{1}{2}\Big(1 - \sin\Big(\frac{2\alpha t}{\hbar}\Big)\Big)$$

関数 $p_1(t), p_2(t)$ のグラフは各自描け．$t = 0$ での確率は $p_1(0) = p_2(0) = \frac{1}{2}$ であり，確率の初期値は (ii) と同じなのだが，これは定常状態ではなく，周期 T で確率が増減する振動が継続する．とくに $p_1(\frac{1}{4}T) = 1$, $p_2(\frac{1}{4}T) = 0$ である．

(iv)

$$\begin{pmatrix} c_1(t) \\ c_2(t) \end{pmatrix} = e^{-i\varepsilon t/\hbar}\begin{pmatrix} \cos(\frac{\alpha t}{\hbar}) & -i\sin(\frac{\alpha t}{\hbar}) \\ -i\sin(\frac{\alpha t}{\hbar}) & \cos(\frac{\alpha t}{\hbar}) \end{pmatrix}\frac{1}{2}\begin{pmatrix} \sqrt{2} \\ 1+i \end{pmatrix}$$

$$= \frac{1}{2}e^{-i\varepsilon t/\hbar}\begin{pmatrix} \sqrt{2}\cos(\frac{\alpha t}{\hbar}) + \sin(\frac{\alpha t}{\hbar}) - i\sin(\frac{\alpha t}{\hbar}) \\ \cos(\frac{\alpha t}{\hbar}) - i\sqrt{2}\sin(\frac{\alpha t}{\hbar}) + i\cos(\frac{\alpha t}{\hbar}) \end{pmatrix}$$

$$p_1(t) = |c_1(t)|^2 = \frac{1}{4}\Big\{\big(\sqrt{2}\cos(\frac{\alpha t}{\hbar}) + \sin(\frac{\alpha t}{\hbar})\big)^2 + \sin^2(\frac{\alpha t}{\hbar})\Big\}$$

$$= \frac{1}{4}\Big\{2\cos^2(\frac{\alpha t}{\hbar}) + \sin^2(\frac{\alpha t}{\hbar}) + \sin^2(\frac{\alpha t}{\hbar}) + 2\sqrt{2}\cos(\frac{\alpha t}{\hbar})\sin(\frac{\alpha t}{\hbar})\Big\}$$

$$= \frac{1}{4}\Big\{2 + \sqrt{2}\sin(\frac{2\alpha t}{\hbar})\Big\} = \frac{1}{2}\Big\{1 + \frac{1}{\sqrt{2}}\sin(\frac{2\alpha t}{\hbar})\Big\}$$

$$p_2(t) = |c_2(t)|^2 = \frac{1}{4}\Big\{\cos^2(\frac{\alpha t}{\hbar}) + \big(\sqrt{2}\sin(\frac{\alpha t}{\hbar}) - \cos(\frac{\alpha t}{\hbar})\big)^2\Big\}$$

$$= \frac{1}{4}\Big\{\cos^2(\frac{\alpha t}{\hbar}) + 2\sin^2(\frac{\alpha t}{\hbar}) + \cos^2(\frac{\alpha t}{\hbar}) - 2\sqrt{2}\sin(\frac{\alpha t}{\hbar})\cos(\frac{\alpha t}{\hbar})\Big\}$$

$$= \frac{1}{4}\Big\{2 - \sqrt{2}\sin(\frac{2\alpha t}{\hbar})\Big\} = \frac{1}{2}\Big\{1 - \frac{1}{\sqrt{2}}\sin(\frac{2\alpha t}{\hbar})\Big\}$$

関数 $p_1(t), p_2(t)$ のグラフは各自描け．$t = 0$ での確率は $p_1(0) = p_2(0) = \frac{1}{2}$ であり，周期 T で確率が増減する振動が継続するが，$p_1(t), p_2(t)$ の極大値は 1 ではないし，極小値は 0 でなく，$p_1(\frac{1}{4}T) = (2 + \sqrt{2})/4 = 0.8536$, $p_2(\frac{1}{4}T) = (2 - \sqrt{2})/4 = 0.1464$ が極大値と極小値である．

問 9-2. ヒントの手順どおりやればよい．

$$\frac{d}{dt}\hat{E}_1(t) = \frac{d}{dt}e^{t(\hat{A}+\hat{B})} = (\hat{A}+\hat{B})e^{t(\hat{A}+\hat{B})} = (\hat{A}+\hat{B})\hat{E}_1(t)$$

は簡単だが，

$$\frac{d}{dt}\hat{E}_2(t) = \frac{d}{dt}\big(e^{t\hat{A}}e^{t\hat{B}}\big) = \frac{de^{t\hat{A}}}{dt}e^{t\hat{B}} + e^{t\hat{A}}\frac{de^{t\hat{B}}}{dt}$$

$$= \hat{A}e^{t\hat{A}}e^{t\hat{B}} + e^{t\hat{A}}\hat{B}e^{t\hat{B}} = \hat{A}e^{t\hat{A}}e^{t\hat{B}} + \hat{B}e^{t\hat{A}}e^{t\hat{B}}$$

$$= (\hat{A}+\hat{B})e^{t\hat{A}}e^{t\hat{B}} = (\hat{A}+\hat{B})\hat{E}_2(t)$$

の式変形の途中で演算子の積の順序を交換する場面があり，どうして交換してよいのか理由を考える必要がある．

問 9-3. 解法はいろいろある．一番直接的な解法としては，このハミルトニアンに対するシュレーディンガー方程式 (9.32) を解いて (9.41) のような形に解をまとめればよい．別解法として，スピン演算子 (7.9) を用いてハミルトニアンを

$$\hat{H} = \begin{pmatrix} \varepsilon & -i\alpha \\ i\alpha & \varepsilon \end{pmatrix} = \varepsilon \begin{pmatrix} 1 & 0 \\ 0 & 1 \end{pmatrix} + \alpha \begin{pmatrix} 0 & -i \\ i & 0 \end{pmatrix} = \varepsilon\hat{I} + \alpha\hat{Y}$$

と書き，

$$\hat{I}\hat{Y} = \hat{Y}\hat{I}, \qquad \hat{Y}\hat{Y} = \hat{I}$$

となることを確認すると，

$$e^{-i\hat{H}t/\hbar} = e^{-i(\varepsilon\hat{I}+\alpha\hat{Y})t/\hbar} = e^{-i\varepsilon\hat{I}t/\hbar}\, e^{-i\alpha\hat{Y}t/\hbar}$$

となり，$\hat{I}^n = \hat{I}$ なので

$$e^{-i\varepsilon\hat{I}t/\hbar} = \sum_{n=0}^{\infty} \frac{1}{n!}\left(-\frac{i}{\hbar}\varepsilon\hat{I}t\right)^n = \hat{I}\sum_{n=0}^{\infty} \frac{1}{n!}\left(-\frac{i}{\hbar}\varepsilon t\right)^n = \hat{I}\, e^{-i\varepsilon t/\hbar}$$

である．また，$\hat{Y}^2 = \hat{I}$, $(-i)^2 = -1$ なので

$$
\begin{aligned}
e^{-i\alpha\hat{Y}t/\hbar} &= \sum_{n=0}^{\infty} \frac{1}{n!}\left(-\frac{i}{\hbar}\alpha\hat{Y}t\right)^n \\
&= \sum_{k=0}^{\infty} \frac{1}{(2k)!}\left(-\frac{i}{\hbar}\alpha\hat{Y}t\right)^{2k} + \sum_{k=0}^{\infty} \frac{1}{(2k+1)!}\left(-\frac{i}{\hbar}\alpha\hat{Y}t\right)^{2k+1} \\
&= \hat{I}\sum_{k=0}^{\infty} \frac{(-1)^k}{(2k)!}\left(\frac{\alpha t}{\hbar}\right)^{2k} - i\hat{Y}\sum_{k=0}^{\infty} \frac{(-1)^k}{(2k+1)!}\left(\frac{\alpha t}{\hbar}\right)^{2k+1} \\
&= \hat{I}\cos\left(\frac{\alpha t}{\hbar}\right) - i\hat{Y}\sin\left(\frac{\alpha t}{\hbar}\right) = \begin{pmatrix} \cos(\frac{\alpha t}{\hbar}) & -\sin(\frac{\alpha t}{\hbar}) \\ \sin(\frac{\alpha t}{\hbar}) & \cos(\frac{\alpha t}{\hbar}) \end{pmatrix}.
\end{aligned}
$$

よって，

$$e^{-i\hat{H}t/\hbar} = e^{-i\varepsilon\hat{I}t/\hbar}\, e^{-i\alpha\hat{Y}t/\hbar} = e^{-i\varepsilon t/\hbar} \begin{pmatrix} \cos(\frac{\alpha t}{\hbar}) & -\sin(\frac{\alpha t}{\hbar}) \\ \sin(\frac{\alpha t}{\hbar}) & \cos(\frac{\alpha t}{\hbar}) \end{pmatrix}.$$

問 9-4. (i) ヒントの手順どおりやればよい．
(ii) $\hat{Z}^2 = \hat{I}$ であることから，問 9-3 の $e^{-i\alpha\hat{Y}t/\hbar}$ と同様の計算により

$$e^{-i\hat{Z}\theta} = \hat{I}\cos\theta - i\hat{Z}\sin\theta = \begin{pmatrix} e^{-i\theta} & 0 \\ 0 & e^{i\theta} \end{pmatrix}$$

を得て，スピン演算子の積の公式 (7.10)-(7.13) を用いて（行列の積を直接計算してもよい），

$$\hat{X}(\theta) = e^{-i\hat{Z}\theta}\hat{X}e^{i\hat{Z}\theta}$$

$$= (\hat{I}\cos\theta - i\hat{Z}\sin\theta)\hat{X}(\hat{I}\cos\theta + i\hat{Z}\sin\theta)$$

$$= (\hat{X}\cos\theta + \hat{Y}\sin\theta)(\hat{I}\cos\theta + i\hat{Z}\sin\theta)$$

$$= \hat{X}\cos^2\theta + \hat{Y}\sin\theta\cos\theta + \hat{Y}\cos\theta\sin\theta - \hat{X}\sin^2\theta$$

$$= \hat{X}\cos 2\theta + \hat{Y}\sin 2\theta$$

を得る．同様にして

$$\hat{Y}(\theta) = e^{-i\hat{Z}\theta}\hat{Y}e^{i\hat{Z}\theta}$$

$$= (\hat{I}\cos\theta - i\hat{Z}\sin\theta)\hat{Y}(\hat{I}\cos\theta + i\hat{Z}\sin\theta)$$

$$= (\hat{Y}\cos\theta - \hat{X}\sin\theta)(\hat{I}\cos\theta + i\hat{Z}\sin\theta)$$

$$= \hat{Y}\cos^2\theta - \hat{X}\sin\theta\cos\theta - \hat{X}\cos\theta\sin\theta - \hat{Y}\sin^2\theta$$

$$= \hat{Y}\cos 2\theta - \hat{X}\sin 2\theta$$

また，

$$\hat{Z}(\theta) = e^{-i\hat{Z}\theta}\hat{Z}e^{i\hat{Z}\theta} = e^{-i\hat{Z}\theta}e^{i\hat{Z}\theta}\hat{Z} = \hat{Z}.$$

(iii) 随伴作用を繰り返すと

$$(\mathrm{ad}_{\hat{Z}})^0(\hat{X}) = \hat{X},$$

$$(\mathrm{ad}_{\hat{Z}})^1(\hat{X}) = [\hat{Z}, \hat{X}] = 2i\hat{Y},$$

$$(\mathrm{ad}_{\hat{Z}})^2(\hat{X}) = [\hat{Z}, [\hat{Z}, \hat{X}]] = [\hat{Z}, 2i\hat{Y}] = -2i[\hat{Y}, \hat{Z}] = (-2i)\,2i\hat{X} = 2^2\hat{X}$$

となるので，任意の $k = 0, 1, 2, \cdots$ に対して

$$(\mathrm{ad}_{\hat{Z}})^{2k}(\hat{X}) = 2^{2k}\hat{X}, \qquad (\mathrm{ad}_{\hat{Z}})^{2k+1}(\hat{X}) = 2^{2k+1}i\hat{Y}$$

が成り立つ．従って

$$\hat{X}(\theta) = e^{-i\hat{Z}\theta}\hat{X}e^{i\hat{Z}\theta},$$

$$= \sum_{n=0}^{\infty}\frac{1}{n!}(-i\theta)^n(\mathrm{ad}_{\hat{Z}})^n(\hat{X})$$

$$= \sum_{k=0}^{\infty}\frac{1}{(2k)!}(-i\theta)^{2k}(\mathrm{ad}_{\hat{Z}})^{2k}(\hat{X}) + \sum_{k=0}^{\infty}\frac{1}{(2k+1)!}(-i\theta)^{2k+1}(\mathrm{ad}_{\hat{Z}})^{2k+1}(\hat{X})$$

$$= \hat{X}\sum_{k=0}^{\infty}\frac{(-1)^k}{(2k)!}(2\theta)^{2k} + (-i)\,i\hat{Y}\sum_{k=0}^{\infty}\frac{(-1)^k}{(2k+1)!}(2\theta)^{2k+1}$$

$$= \hat{X}\cos 2\theta + \hat{Y}\sin 2\theta$$

となる. 他も同様.

問 10-1. 交換子のライプニッツ則 (7.86) から

$$[\hat{X}, \hat{P}^2] = [\hat{X}, \hat{P}]\hat{P} + \hat{P}[\hat{X}, \hat{P}] = 2i\hbar\hat{P},$$

$$[\hat{X}, \hat{X}^2] = [\hat{X}, \hat{X}]\hat{X} + \hat{X}[\hat{X}, \hat{X}] = 0,$$

$$[\hat{P}, \hat{X}^2] = [\hat{P}, \hat{X}]\hat{X} + \hat{X}[\hat{P}, \hat{X}] = -2i\hbar\hat{X},$$

$$[\hat{P}, \hat{P}^2] = [\hat{P}, \hat{P}]\hat{P} + \hat{P}[\hat{P}, \hat{P}] = 0$$

となることを使えば (10.24), (10.25) を導ける.

問 10-2. 光の波長 λ と周波数 ν と光子のエネルギー ε は

$$\varepsilon = h\nu = \frac{hc}{\lambda}$$

の関係を持つので, 波長は

$$\lambda = \frac{hc}{\varepsilon} = \frac{6.6 \times 10^{-34}\,\mathrm{J \cdot s} \times 3.0 \times 10^{8}\,\mathrm{m \cdot s^{-1}}}{2 \times 1.6 \times 10^{-19}\,\mathrm{J}} = 6.19 \times 10^{-7}\,\mathrm{m} = 619 \times 10^{-9}\,\mathrm{m}$$

であり, オレンジ色にあたる.

問 10-3. (i) n についての数学的帰納法で証明する. $n = 1$ のとき (10.34) より $[\hat{A}, \hat{A}^\dagger] = \hat{I}$ が成立. ある n で $[\hat{A}, (\hat{A}^\dagger)^n] = n(\hat{A}^\dagger)^{n-1}$ が成立しているとしたら, (7.86) より $[\hat{A}, (\hat{A}^\dagger)^{n+1}] = [\hat{A}, (\hat{A}^\dagger)^n \cdot \hat{A}^\dagger] = [\hat{A}, (\hat{A}^\dagger)^n]\hat{A}^\dagger + (\hat{A}^\dagger)^n[\hat{A}, \hat{A}^\dagger] = n(\hat{A}^\dagger)^{n-1}\hat{A}^\dagger + (\hat{A}^\dagger)^n\hat{I} = (n+1)(\hat{A}^\dagger)^n$ なので $n + 1$ に対しても成立.

(ii) $\langle\phi_n|\phi_m\rangle = \langle\phi_m|\phi_n\rangle^*$ なので $m \geq n$ の場合を示せばよい. エルミート共役の定義式 (3.32) を使い, (10.54) と同様の式変形を n 回繰り返して $\hat{A}|\phi_0\rangle = 0$ を使うと

$$\begin{aligned}
\langle\phi_m|\phi_n\rangle &= \frac{1}{\sqrt{m!\,n!}}\langle(\hat{A}^\dagger)^m\phi_0|(\hat{A}^\dagger)^n|\phi_0\rangle \\
&= \frac{1}{\sqrt{m!\,n!}}\langle\phi_0|\hat{A}^m(\hat{A}^\dagger)^n|\phi_0\rangle \\
&= \frac{1}{\sqrt{m!\,n!}}\langle\phi_0|\hat{A}^{m-1}\hat{A}(\hat{A}^\dagger)^n|\phi_0\rangle \\
&= \frac{1}{\sqrt{m!\,n!}}\langle\phi_0|\hat{A}^{m-1}\Big\{[\hat{A}, (\hat{A}^\dagger)^n] + (\hat{A}^\dagger)^n\hat{A}\Big\}|\phi_0\rangle \\
&= \frac{1}{\sqrt{m!\,n!}}\langle\phi_0|\hat{A}^{m-1}\Big\{n(\hat{A}^\dagger)^{n-1} + 0\Big\}|\phi_0\rangle \\
&= \frac{1}{\sqrt{m!\,n!}}\,n!\,\langle\phi_0|\hat{A}^{m-n}|\phi_0\rangle = \delta_{mn}.
\end{aligned}$$

問 10-4. (i) 計算すればそうなる.

(ii) 質量の次元を M, 長さの次元を L, 時間の次元を T, エネルギーの次元を E で表すと,

$$\left[\frac{m\omega}{2\hbar}x^2\right] = \frac{MT^{-1}}{ET}L^2 = \frac{MT^{-1}}{ML^2T^{-2} \cdot T}L^2 = 1$$

は無次元である.

(iii) 問 7-7, 7-8 を参照のこと.

問 10-5. 計算すればそうなる.

問 10-6. (i) (10.134), (10.135) より

$$
\begin{aligned}
\langle\phi_m|\hat{X}|\phi_n\rangle &= \sqrt{\frac{\hbar}{2m\omega}}\,\langle\phi_m|(\hat{A}+\hat{A}^\dagger)|\phi_n\rangle \\
&= \sqrt{\frac{\hbar}{2m\omega}}\,\bigl\{\langle\phi_m|\sqrt{n}|\phi_{n-1}\rangle + \langle\phi_m|\sqrt{n+1}|\phi_{n+1}\rangle\bigr\} \\
&= \sqrt{\frac{\hbar}{2m\omega}}\,\bigl\{\sqrt{n}\,\delta_{m,n-1} + \sqrt{n+1}\,\delta_{m,n+1}\bigr\},
\end{aligned}
$$

$$
\begin{aligned}
\langle\phi_m|\hat{P}|\phi_n\rangle &= -i\sqrt{\frac{m\hbar\omega}{2}}\,\langle\phi_m|(\hat{A}-\hat{A}^\dagger)|\phi_n\rangle \\
&= -i\sqrt{\frac{m\hbar\omega}{2}}\,\bigl\{\langle\phi_m|\sqrt{n}|\phi_{n-1}\rangle - \langle\phi_m|\sqrt{n+1}|\phi_{n+1}\rangle\bigr\} \\
&= -i\sqrt{\frac{m\hbar\omega}{2}}\,\bigl\{\sqrt{n}\,\delta_{m,n-1} - \sqrt{n+1}\,\delta_{m,n+1}\bigr\}.
\end{aligned}
$$

(ii) CONS $\{|\phi_0\rangle, |\phi_1\rangle, |\phi_2\rangle, |\phi_3\rangle, \cdots\}$ を用いて (4.14) と同様に $\langle\phi_m|\hat{X}|\phi_n\rangle$ で演算子の行列成分を定める. ただし, 行番号・列番号は $m, n = 0, 1, 2, 3, \cdots$ である. 例えば $\hat{X}$ の最初の行の成分は $\langle\phi_0|\hat{X}|\phi_0\rangle, \langle\phi_0|\hat{X}|\phi_1\rangle, \langle\phi_0|\hat{X}|\phi_2\rangle, \cdots$ であり, 次の行の成分は $\langle\phi_1|\hat{X}|\phi_0\rangle, \langle\phi_1|\hat{X}|\phi_1\rangle, \langle\phi_1|\hat{X}|\phi_2\rangle, \cdots$ である.

$$
\hat{X} \doteq \sqrt{\frac{\hbar}{2m\omega}}
\begin{pmatrix}
0 & \sqrt{1} & 0 & 0 & \cdots \\
\sqrt{1} & 0 & \sqrt{2} & 0 & \ddots \\
0 & \sqrt{2} & 0 & \sqrt{3} & \ddots \\
0 & 0 & \sqrt{3} & 0 & \ddots \\
\vdots & \ddots & \ddots & \ddots & \ddots
\end{pmatrix},
$$

$$
\hat{P} \doteq -i\sqrt{\frac{m\hbar\omega}{2}}
\begin{pmatrix}
0 & \sqrt{1} & 0 & 0 & \cdots \\
-\sqrt{1} & 0 & \sqrt{2} & 0 & \ddots \\
0 & -\sqrt{2} & 0 & \sqrt{3} & \ddots \\
0 & 0 & -\sqrt{3} & 0 & \ddots \\
\vdots & \ddots & \ddots & \ddots & \ddots
\end{pmatrix}.
$$

これらの行列の積 $\hat{X}\hat{P}$, $\hat{P}\hat{X}$ と $\hat{X}\hat{P} - \hat{P}\hat{X}$ の計算は各自やってみてほしい.

(iii)

$$
\langle\phi_n|\hat{X}|\phi_n\rangle = 0, \qquad \langle\phi_n|\hat{P}|\phi_n\rangle = 0
$$

であることはいままでの計算から明らか. さらに (10.134), (10.135) より

$$\begin{aligned}
\sigma_n(\hat{X})^2 &= \langle\phi_n|\hat{X}^2|\phi_n\rangle - \langle\phi_n|\hat{X}|\phi_n\rangle^2 \\
&= \frac{\hbar}{2m\omega}\langle\phi_n|(\hat{A}+\hat{A}^\dagger)^2|\phi_n\rangle - 0 \\
&= \frac{\hbar}{2m\omega}\langle\phi_n|(\hat{A}\hat{A}+\hat{A}\hat{A}^\dagger+\hat{A}^\dagger\hat{A}+\hat{A}^\dagger\hat{A}^\dagger)|\phi_n\rangle \\
&= \frac{\hbar}{2m\omega}(0+n+1+n+0) \\
&= \frac{\hbar}{2m\omega}(2n+1), \\
\sigma_n(\hat{P})^2 &= \langle\phi_n|\hat{P}^2|\phi_n\rangle - \langle\phi_n|\hat{P}|\phi_n\rangle^2 \\
&= -\frac{m\hbar\omega}{2}\langle\phi_n|(\hat{A}-\hat{A}^\dagger)^2|\phi_n\rangle \\
&= -\frac{m\hbar\omega}{2}\langle\phi_n|(\hat{A}\hat{A}-\hat{A}\hat{A}^\dagger-\hat{A}^\dagger\hat{A}+\hat{A}^\dagger\hat{A}^\dagger)|\phi_n\rangle \\
&= \frac{m\hbar\omega}{2}(0+n+1+n+0) \\
&= \frac{m\hbar\omega}{2}(2n+1).
\end{aligned}$$

よって,

$$\sigma_n(\hat{X})\cdot\sigma_n(\hat{P}) = \frac{\hbar}{2}(2n+1).$$

とくに $n=0$ は最小不確定性状態になっている.

(iv)

$$\frac{\sigma_n(\hat{P})}{\sigma_n(\hat{X})} = \sqrt{\frac{m\hbar\omega(2n+1)}{2}\cdot\frac{2m\omega}{\hbar(2n+1)}} = m\omega$$

となり, どの n に対してもこれは調和振動子のインピーダンス (10.89), $Z=m\omega$ と一致している.

(v) 調和振動子のハミルトニアンとは無関係に任意の状態ベクトルを選べば, 比 $\sigma(\hat{P})/\sigma(\hat{X})$ は, とくにインピーダンスと一致する必然性はなく, 任意の正の値をとりうる. 一方で, 任意の状態ベクトルについて $\sigma(\hat{P})\cdot\sigma(\hat{X})\geq\hbar/2$ というケナードの不確定性関係はつねに成立する. また, 一般には $\sigma(\hat{P}),\sigma(\hat{X})$ は時間的に変化する. 量子系のインピーダンスの定義・測定方法・物理的意義については, よく考える必要がある.

問 **B**. 簡単なので解答は省略する.

索　引

190

《著者紹介》

谷村 省吾 (たに むら しょう ご)

1967年	名古屋市に生まれる
1990年	名古屋大学工学部卒業
1995年	名古屋大学大学院理学研究科博士課程修了，博士（理学）
	日本学術振興会特別研究員（東京大学），京都大学助手・講師，
	大阪市立大学助教授，京都大学准教授を経て
現　在	名古屋大学大学院情報学研究科教授
専　門	理論物理，主に量子論，力学系理論，応用微分幾何
著　書	『幾何学から物理学へ──物理を圏論・微分幾何の言葉で語ろう』
	（サイエンス社，2019年）
	『理工系のためのトポロジー・圏論・微分幾何──双対性の視点
	から』（サイエンス社，2006年）
	『ゼロから学ぶ数学・物理の方程式』（講談社，2005年）他

量子力学 10 講

2021 年 11 月 10 日　初版第 1 刷発行
2022 年 11 月 10 日　初版第 3 刷発行

定価はカバーに
表示しています

著　者		谷　村　省　吾
発行者		西　澤　泰　彦

発行所　一般財団法人　名古屋大学出版会

〒 464-0814 名古屋市千種区不老町 1 名古屋大学構内
電話 (052)781-5027／FAX(052)781-0697

©Shogo Tanimura, 2021　　　　Printed in Japan
印刷・製本　三美印刷㈱　　　ISBN978-4-8158-1049-8
乱丁・落丁はお取替えいたします。

大島隆義著
自然は方程式で語る 力学読本
A5・560 頁
本体 3800 円

大島隆義著
電磁気学読本 [上・下]
―「力」と「場」の物語―
A5・254/230 頁
本体各 3200 円

佐藤憲昭著
物性論ノート
A5・208 頁
本体 2700 円

杉山　直監修
物理学ミニマ
A5・276 頁
本体 2700 円

福井康雄監修
宇宙史を物理学で読み解く
―素粒子から物質・生命まで―
A5・262 頁
本体 3500 円

大沢文夫著
大沢流 手づくり統計力学
A5・164 頁
本体 2400 円

稲葉　肇著
統計力学の形成
A5・378 頁
本体 6300 円

有賀暢迪著
力学の誕生
―オイラーと「力」概念の革新―
A5・356 頁
本体 6300 円

H・カーオ著　岡本拓司監訳
20 世紀物理学史 [上・下]
―理論・実験・社会―
菊・308/338 頁
本体各 3600 円

高木秀夫著
量子論に基づく無機化学 [増補改訂版]
―群論からのアプローチ―
A5・346 頁
本体 4500 円

川邊岩夫著
希土類の化学
―量子論・熱力学・地球科学―
B5・448 頁
本体 9800 円